Istiodactylus

Zhenyuanopterus

Hatzegopteryx

Ludodactylus

Nemicolopterus

Brasileodactylus

Pterodaustro

Eopteranodon

Pteranodon

Domeykodactylus

Anhanguera

Pterofiltrus

Azhdarcho

Boreopterus

Dsungaripterus

Ornithocheirus

Cearadactylus

Shenzhoupterus

Feilongus

Noripterus

Haopterus

Gegepterus

Tupandactylus

Nyctosaurus

Lonchognathosaurus

Uktenadactylus

Elanodactylus

Tupuxuara

Dawndraco

Phobetor

Caulkicephalus

Ningchengopterus

Quetzalcoatlus

U0271214

献给：

奥维尔·莱特（Orville Wright）和维尔伯·莱特（Wilbur Wright）兄弟
感谢他们发明了飞机，帮助人类实现了飞翔的梦想

益鸟科学艺术教育

我们坚信：传递善良和美好是教育的使命

本书第 1 版曾荣获：

2013
向青少年推荐的
百种优秀图书

第四届
"三个一百"
原创图书出版工程

2013
全国国土资源
优秀科普作品

第二届
湖南省优秀
科普作品

2013 年 1 月本书第 1 版《少儿成长大百科：超级翼龙全书》出版发行。按照作者承诺，每两年会对本书做一次修订，将全球科学家关于翼龙的最新成果融入本书，以确保科普图书的严肃性。2015 年 3 月开始，作者对本书进行全面修订，大量更新了翼龙的科学复原作品，并对编排方式作出重大调整，推出第 2 版《PNSO 儿童百科全书：翼龙的秘密》。

在此衷心感谢为本书第 1 版出版付出努力的编辑团队和出版社，使本书第 1 版出版后收获了众多社会荣誉，我们唯有更加努力，方能不负读者期望。

PNSO 儿童百科全书
翼龙的秘密
第 2 版

赵闯 / 绘　杨杨 / 文

啄木鸟科学艺术小组 / 作品

中国大百科全书出版社

I am a paleontologist at one of the world's great museums. I get to spend my days surrounded by dinosaur bones. Whether it is in Mongolia excavating, in China studying, in New York analyzing data or anywhere on the planet writing, teaching or lecturing, dinosaurs are not only my interest, but my livelihood.

Most scientists, even the most brilliant ones, work in very closed societies. A system which, no matter how hard they try, is still unapproachable to average people. Maybe it's due to the complexities of mathematics, difficulties in understanding molecular biochemistry, or reconciling complex theory with actual data. No matter what, this behavior fosters boredom and disengagement. Personality comes in as well and most scientists lack the communication skills necessary to make their efforts interesting and approachable. People are left being intimidated by science. But dinosaurs are special- people of all ages love them. So dinosaurs foster a great opportunity to teach science to everyone by taping into something everyone is interested in.

That's why Yang Yang and Zhao Chuang are so important. Both are extraordinarily talented, very smart, but neither are scientists. Instead they use art and words as a medium to introduce dinosaur science to everyone from small children to grandparents- and even to scientists working in other fields!

Zhao Chuang's paintings, sculptures, drawings and films are state of the art representations of how these fantastic animals looked and behaved. They are drawn from the latest discoveries and his close collaboration with leading paleontologists. Yang Yang's writing is more than mere description. Instead she weaves stories through the narrative, or makes the descriptions engaging and humorous. The subjects are so approachable that her stories can be read to small children, and young readers can discover these animals and explore science on their own. Through our fascination with dinosaurs, important concepts of geology, biology and evolution are learned in a fun way. Zhao Chuang and Yang Yang are the world's best and it is an honor to work with them.

Mark Norell

国际著名古生物学家
美国自然历史博物馆古生物部主任
啄木鸟科学艺术小组英文出版项目审稿人
马克 · 诺瑞尔博士
为赵闯和杨杨系列作品所做的推荐序

（译文）

　　我是一个古生物学家，在可能是世界上最好的博物馆里工作。不管是在蒙古科考挖掘，还是在中国学习交流，或只是在纽约研究相关数据，我的生活中总是充满了各种恐龙的骨头。恐龙已经不仅仅是我的兴趣，而是我生命的一部分，在这个地球的每一个角落陪伴着我一起学习、一起演讲、一起传授知识。

　　许多科学家都在一个封闭的环境中工作。复杂的数学公式，难以理解的分子生物化学，还有那些应用于繁复理论的数据……这是一个无论科学家们多努力也无法让普通人理解的工作环境，加上大多数科学家缺乏与公众交流的本领，无法让他们的研究成果以一种有趣而平易近人的方式表达出来。久而久之，人们开始产生距离感，进而觉得科学无聊乏味。恐龙却是一个特例，不管什么年龄层的人都喜欢恐龙，这就让恐龙成为大众科普教育的一个绝佳题材。

　　这就是赵闯和杨杨的工作如此重要的原因。他们两位极具天赋、充满智慧，但他们并没有去做职业科学家。他们运用艺术和文字作为传递的媒介，把恐龙的科学知识普及给世界上的所有人——孩子、父母、祖父母，甚至其他科学领域的科学家们！

　　赵闯的绘画、雕塑、素描以及电影在体现恐龙这种奇妙生物上已经达到了极高的艺术境界。他与古生物学家保持着紧密的联系，并基于最新的古生物科学报告以及论文进行创作。杨杨的文字已经超越了单纯的科普描述，她将幽默的故事交织于科普知识中，让其表现的主题生动而灵活，尤其适合小读者们进行自主阅读，发掘其中有趣的科学秘密。基于孩子们对恐龙这种生物的热爱，其他重要的科学概念，包括地理、生物、进化都可以被快乐地学习。

　　赵闯和杨杨是世界一流的科学艺术家，能与他们一起工作是我的荣幸。

这个世界不仅有我们，还有它们

——— 致小读者的爸爸妈妈们

我坐在院子的树荫下写这篇文章，树上的知了正"知了……知了"地叫个不停。大约是从春末开始，它们就这样每天愉快地叫着。愉快？当然了，我很少能见到它们，它们不是躲在黑漆漆的土里等待长大，就是趴在树上，过着隐居的生活。可是，我根本不必见到它们，只听一听近在耳边的叫声，便知道它们乐和着生活在跟我们一样的世界里。

女儿正在地上追着一只蚂蚁爬来爬去，她咯咯的笑声有时会打断我。她碰到被前一夜的风刮落的叶子，便拾起来举到我面前。我告诉她那是落叶，是从树上掉下来的。一会儿，她又抓起一瓣玫红色的月季花瓣，作势要往嘴里塞，我说那是花儿，花儿不能吃。她刚刚学会爬行不久，还不会说话，也许她也听不懂我说的话。所以她也不认识蚂蚁、树叶和花儿，但是她喜欢它们，看着它们咯咯地笑，就像看到我一样。对她来说，蚂蚁、树叶和花儿，同爸爸妈妈、叔叔阿姨没有多大的区别，她对这些和她一起出现在这个世界上的生命都充满好奇。

我都不太记得像我们这些大人们是从什么时候开始渐渐失去这样的好奇的，又是从什么时候开始变得看不到其他生命，傲慢地觉得地球上大抵只有我们人类是最重要的，因为我们主宰着这个地球。

这可真有点好笑，如果没有其他的生命，人类也支撑不了多久就会消亡，但是我们并不习惯这样想。我们习惯于这样理解其他的生命：鸡是一种美味的食物，可以做成烤鸡、熏鸡等；牛身上的肉很好吃，具有很高的营养价值……我们常常被灌输这样的知识，于是自私傲慢的态度常常在不经意之间就会流露出来也就不难理解了。

我常常会想到这样的问题，所以一直想给孩子们写一套关于其他生命的百科书。这套百科书不会像写给大人的百科书一样，重要的笔墨都在告诉你一种生命它有多长、多高、多重，它不会是数据的堆砌，不是知识的罗列，它会像是午后的知了，你看不到它却能听到它的叫声；它也会像是女儿追赶的蚂蚁，你不认识它，却能和它像朋友一样相处。这个世界对于孩子来说一切都还是新鲜的，他们想知道除了自己，除了家人，除了幼儿园的老师和同学，这个世界上还有什么？他们想知道除了家，除了幼儿园，除了自己生活的城市，这个世界还有多大？他们想知道除了现在，除了他们能记住的过去，这个世界还有多远？他们的好奇是打开整个世界的钥匙，他们只需要我们不要在他们开锁时紧紧地把门堵上，剩下的一切，他们都可以自己解决。

于是，这套讲述人类之外其他事物的《PNSO 儿童百科全书》，只是想要告诉即将读到它的孩子们，这个世界不仅有我们，还有它们。"它们"也许是其他生命，也许是人类想象的其他美妙事物。总之，它们是一种客观上的存在，无论在人类的普遍生活之中或珍贵的精神生活之中。

知道它们的存在，不是一种知识，而是一种力量，能让我们心里的世界变得从未有过的宽广。从此，我们便不会因为无知而傲慢；不会因为一点小事而计较；不会因为眼前的利益而牵绊远行的脚步……不想自私，不想狭隘，不想畏惧，我们尊重每一个生命，因为它们同我们一起，曾经或正在分享着这个世界。而世界是如此之大，我们需要相互陪伴着前行。

很多时候，是一个正咿呀学语的孩子在不断地提醒我，保持生命之初的好奇是多么重要，它能让我们谦卑地在更广阔的世界中行走。我希望，你们接下来陪伴孩子一起阅读的时光，正是葆有他强烈好奇的过程，希望你们陪伴着他一同寻找那个更宽广的世界。

强壮建昌颌翼龙化石

目 次

化石目录

翼龙化石

正文内容目录

正文内容目录

阅读说明

1 **本书涉及翼龙的地质年代表**
（只有单只无背景翼龙有此地质年代表）

2 **本书的比例尺：** 50 厘米、1 米、5 米、25 米
本书的参照物： 篮球、爸爸、妈妈、男孩、女孩、大巴车、客机
本书的翼龙大小图示： 翼龙剪影（翼龙尺寸小于比例尺 1 个单位时）、翼龙轮廓

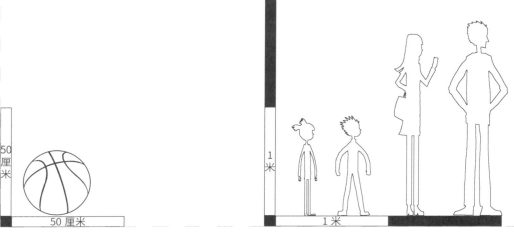

50 厘米	50 厘米	1 米	1 米

距今年代 （百万年）	252.17 ±0.06	~247.2	~237	201.3 ±0.2	174.1 ±1.0	163.5 ±1.0
世	早三叠世	中三叠世	晚三叠世	早侏罗世	中侏罗世	
纪		三叠纪			侏罗纪	
代						
宙						

比例尺、参照物、翼龙大小示意图的应用颜色

深色背景的应用色值：C0 M0 Y0 K80

浅色背景的应用色值：C0 M0 Y0 K30

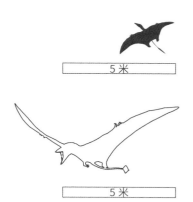

5 米

5 米

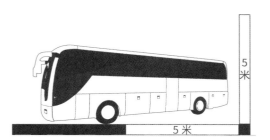

5 米

5 米

25 米

25 米

~145.0	100.5	66.0
晚侏罗世	早白垩世	晚白垩世
	白垩纪	
中生代		
显生宙		

征服天空翼龙传奇

天空如此高远而神秘。每当我们仰卧在青翠的草地上凝望它时总会想，要是能生出一双翅膀该多好啊，带着我们飞到它的身体里看个究竟。

那里真大，孕育着无数的生命！从最早的昆虫到美丽的鸟儿，它们凌空展翅，把对生命的渴望和对自由的向往深深地印刻在了天上。

那里真神秘，亿万年来，有无数生命在此辉煌诞生，又悄然消失。它们翱翔的痕迹早已经被风吹走，留下来的只有它们曾经创造的被争相传诵的故事。

呀，好想用那些故事搭建一个城堡，这样我们住在里面，就像飞上了天空。我们能在城堡里和那些飞翔者交谈，和它们一起聊一聊天空的故事。

你一定想不到这样的梦想这么快就能实现了，故事城堡的大门就在我们眼前，翻启这一页，我们就能进入城堡，并且见到城堡里最神秘的成员——翼龙家族。

翼龙家族为什么如此神秘？

因为它们是最特别的天空遨游者，是第一群飞上天空的脊椎动物。

它们是有史以来最成功的飞行者，只需要借助一点点动力就能展翅翱翔，在天空中驰骋数千千米。

它们是最完美的飞行家，巨大的翼展，几乎要遮蔽整个天空。

虽然它们早已从生命的舞台上消失，但是我们依然能到访它们曾经的世界，这全都是因为我们进入了故事城堡。

城堡中的翼龙

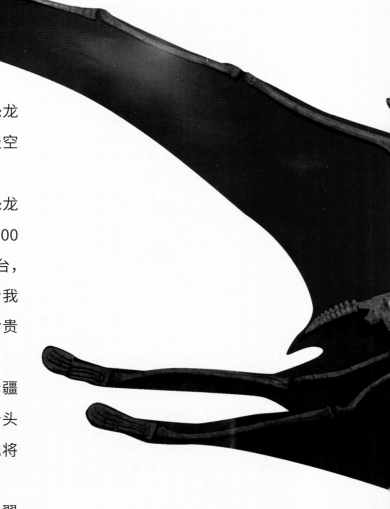

　　翼龙是恐龙家族最忠诚的伙伴，就在巨大的恐龙漫步在陆地上的同时，翼龙家族则牢牢地把持了天空的统治权。

　　它们在天空创造了无数的辉煌，可最终却和恐龙及其他中生代的代表动物一样，未能逃脱距今6600万年前的那场可怕的大灭绝，彻底退出了生命的舞台，把天空留给了羽翼渐渐丰满的鸟类。逝去的翼龙给我们留下了无数精彩的故事，还有埋藏在岩石中的珍贵化石。

　　亿万年后的1964年，一支古生物考察队在新疆的准噶尔盆地进行野外考察时，发现了翼龙的一个头骨，以及其他部位的零散的化石。他们小心翼翼地将它发掘出来，研究并命名为准噶尔翼龙。

　　他们猜想这只曾经翱翔于中生代天空的准噶尔翼龙，因为亿万年前的一场猛烈的暴风雨被夺去了生命，它跌落湖中，渐渐被湖底沉积的泥沙包裹起来。随着时间的慢慢流逝，它身体上柔软的皮肉已经腐烂，而它坚硬的骨骼却被包裹在泥沙中，渐渐石化，最终形成了化石。

几千万年后，原来清澈的湖水已经变成了干旱的沙漠。风吹日晒，包裹在准噶尔翼龙化石外面的岩石渐渐风化，它就这样走进了人类的视线。

准噶尔翼龙是翼龙家族中幸运的一员，因为翼龙的骨骼十分纤细，在其死后很容易被食腐动物吞噬或被微生物分解，能够像这样被保存下来的翼龙化石其实非常少，所以目前我们只发现了120多种翼龙。当然我们知道，这只是这群伟大生命的冰山一角，还有更多的化石等待我们去发现。

在接下来的城堡漫游中，我们看到的便是根据这些化石而重建的美丽的翼龙。

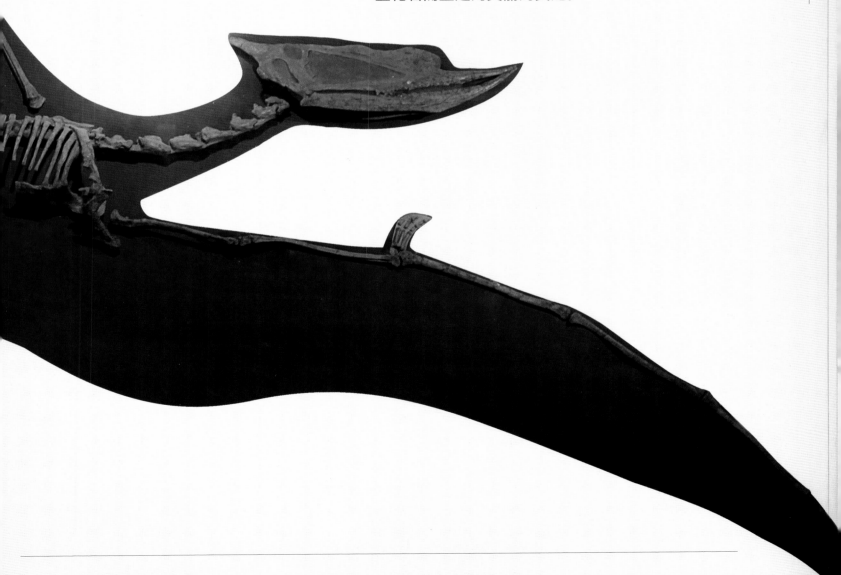

翼龙的起源

　　翼龙的祖先是谁？在翱翔天空之前它们是什么样子？它们是如何飞上天空的？为了适应飞行，翼龙类的骨骼结构产生了很大变化，即使我们今天已经发现了很多翼龙化石，也没办法准确地回答这些问题。翼龙就像是横空出世的飞行者，好像在一夜之间就突然占领了天空。

　　不过，科学家还是在尽力找寻答案，经过长时间地探索，他们认为，翼龙的祖先很可能与硬指龙、兔鳄、赫勒拉龙等有关。

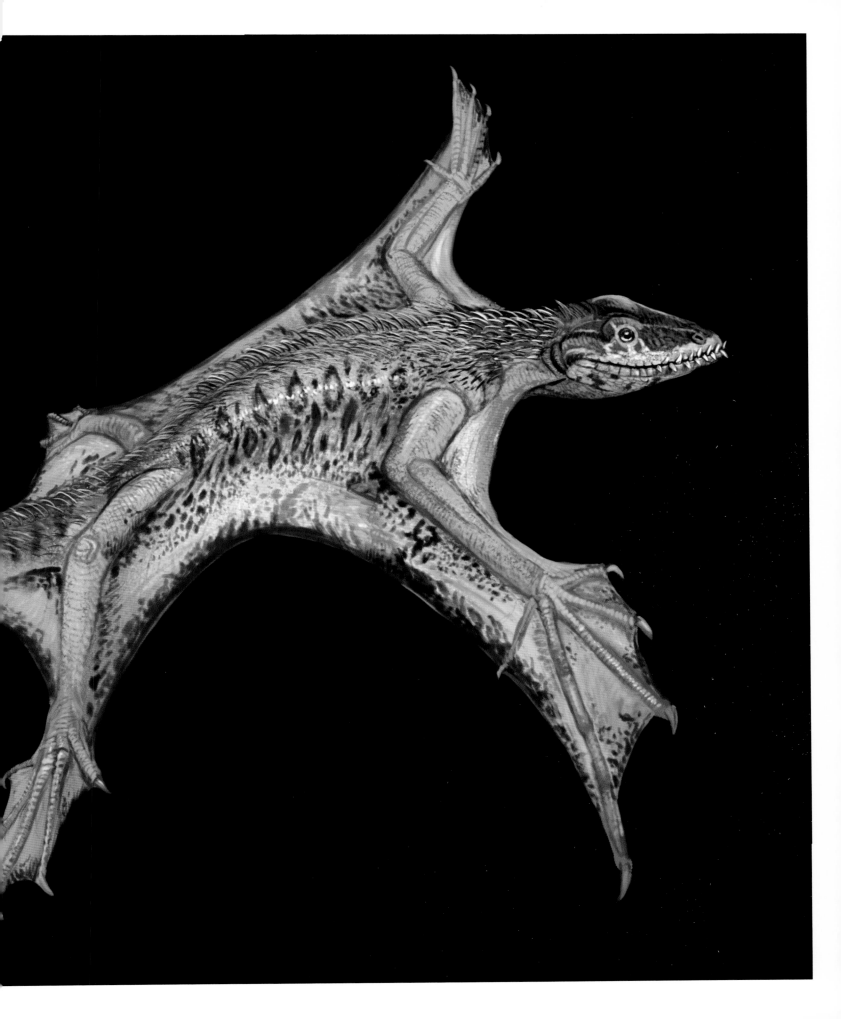

本书涉及非翼手龙类
主要古生物化石产地分布示意图

编绘机构：PNSO 啄木鸟科学艺术小组

V. 13363
2002.8.30 ⑪

 亚洲区域　　 南美洲区域　　 非洲区域　　 欧洲区域　　 北美洲区域　　 大洋洲区域

董氏中国翼龙化石

本书涉及非翼手龙类
主要古生物中生代地质年代表

编绘机构：PNSO 啄木鸟科学艺术小组

凤凰翼龙化石

距今年代（百万年）	252.17 ±0.06	~247.2	~237		201.3 ±0.2		174.1 ±1.0	163. ±1.
世		早三叠世	中三叠世	晚三叠世		早侏罗世		中侏罗世
纪			三叠纪				侏罗纪	
代								
宙								

~145.0　　　　100.5　　　　66.0

晚侏罗世　　　早白垩世　　　晚白垩世

白垩纪

中生代

显生宙

让鱼望而生畏的
喙头龙

喙头龙的个头虽然不是很大，翼展只有 2 米，但是因为它的牙齿格外锋利，所以捕食并不困难。那些常常跃出水面的鱼，总是一见到它的影子，就吓得一头扎进水里逃命去了！

喙头龙的脑袋狭长，身体很瘦，长有一条长长的尾巴。

Rhamphocephalus
喙头龙

体型：翼展约 2 米

食性：鱼

生存年代：侏罗纪

化石产地：欧洲，英国

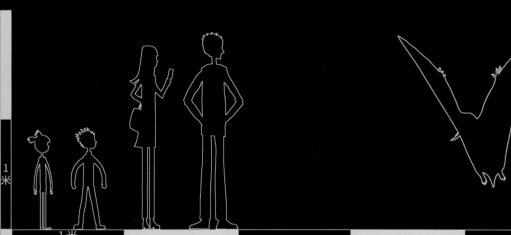

距今年代 （百万年）	252.17 ±0.06	~247.2	~237	201.3 ±0.2	174.1 ±1.0	163.5 ±1.0
世 纪	早三叠世	中三叠世	晚三叠世	早侏罗世	中侏罗世	
代			三叠纪		侏罗纪	
宙						

嘴巴像长矛的
矛颌翼龙

　　长矛是什么？当然是古人用来打仗的武器了。可是我们现在看到的这只翼龙，居然长着像长矛一样的嘴巴，而且"长矛"上还长满尖刺。

　　这只翼龙叫矛颌翼龙，而那些可怕的尖刺其实是它嘴部前端向外龇出的牙齿，它们是捕鱼的好工具。不过，在矛颌翼龙的嘴巴里还长着一些笔直的看上去并不吓人的小牙齿，它们位于嘴部后半段。像这样同时拥有几类牙齿的现象，在比较原始的翼龙动物中很常见。

Dorygnathus
矛颌翼龙

体型：翼展约 1.5 米

食性：鱼

生存年代：侏罗纪

化石产地：欧洲

1 米

1 米

晚侏罗世的"加勒比海盗"
天王翼龙

天王翼龙生活在晚侏罗世的加勒比海地区，那时候，加勒比海刚刚出现，连接起了西特提斯海和东太平洋，当然也吸引了来自两片水域的生命。体型较大的天王翼龙，用这些生命大大丰富了自己的餐桌，堪称是那个时候的"加勒比海盗"！它常常低飞于海面，用带有骨片的长尾巴控制方向，一旦发现猎物，便迅速而精准地出击。

Cacibupteryx
天王翼龙

体型：	头骨长 0.17 米
食性：	鱼
生存年代：	侏罗纪
化石产地：	北美洲，古巴

1 米

1 米

勤劳的 岛翼龙

太阳才刚刚升起，森林还笼罩在一片灰蒙蒙的雾气当中。铺满地面的蕨类正要抖落身上的水珠，从睡梦中苏醒过来。可是，岛翼龙已经为自己准备好早餐了。

那些还在睡梦中的翼龙一定又要嫉妒地流口水了，它们总觉得岛翼龙的运气好，可它们从来不知道岛翼龙是这片森林里最勤劳的家伙，它总是第一个起床，最后一个睡去。

Nesodactylus
岛翼龙

体型：翼展达 2 米

食性：鱼等

生存年代：侏罗纪

化石产地：北美洲，古巴

船颌翼龙 ——
它要去干什么？

　　乌云遮蔽了天空，体型庞大的沟椎龙疾步向家走去，它可不想让大雨把身上的皮肤弄得湿答答的。

　　可就在它往家赶的时候，一只船颌翼龙却急匆匆地从家出来，向湖边飞去。

　　沟椎龙好奇地望着这只行动怪异的翼龙，它并不知道船颌翼龙是要抓紧机会去抓鱼。大雨来临前，水里的鱼都会一股脑儿地靠近水面，这可是捕鱼的好时机。

Scaphognathus
船颌翼龙

体型：	翼展约 1 米
食性：	鱼
生存年代：	侏罗纪
化石产地：	欧洲，德国

抓颌龙 ——
晚侏罗世天空最大的霸主

抓颌龙的体长 2.8 ～ 3 米，长有十分可怕的锋利的牙齿和一双不放过任何猎物的眼睛，是晚侏罗世翱翔于天空的最大霸主。

它喜欢生活在湖泊周围，不过它的食物可不光是那些温顺的鱼儿，相比之下，它更喜欢吃陆地上那些富有挑战性的小动物。

Harpactognathus
抓颌龙

体型：翼展 2.5 ～ 3 米
　　　体长 2.8 ～ 3 米
食性：肉食
生存年代：侏罗纪
化石产地：北美洲，美国

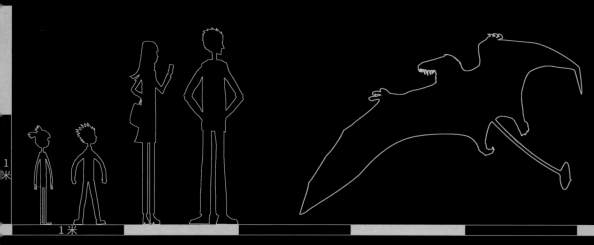

1 米

1 米

距今年代 （百万年）	252.17 ±0.06	~247.2	~237		201.3 ±0.2		174.1 ±1.0	163. ±1.
世纪	早三叠世	中三叠世	晚三叠世			早侏罗世		中侏罗世
纪			三叠纪				侏罗纪	
代 宙								

魔鬼翼龙 ——
它一点儿都不像魔鬼

魔鬼翼龙的名字听上去虽然可怕，但其实它一点儿都不像魔鬼。

它既没有尖利的向外龇出的可怕牙齿，翼展也不算大。它不仅不像魔鬼一般恐怖，反而因为身体上覆盖的毛发，使它看上去毛茸茸的非常可爱！

Sordes
魔鬼翼龙

体型：	翼展约 0.63 米
食性：	鱼
生存年代：	侏罗纪
化石产地：	亚洲，哈萨克斯坦

距今年代 （百万年）	252.17 ±0.06	~247.2	~237		201.3 ±0.2		163 ±1.
世 纪	早三叠世	中三叠世	晚三叠世		早侏罗世		中侏罗世
代			三叠纪			侏罗纪	
宙							

贪吃的翼手喙龙

暴风雨就要来了，狂风几乎要将巨浪掀到了天上。

翼手喙龙在巨浪中穿行，想趁大雨来临前赶回自己的巢中。它那条和翼展一样长的尾巴在空中甩动，好像要劈裂追赶它的浪花。

忽然，也在躲避大雨的一只蜻蜓被狂风卷到了它眼前，翼手喙龙兴奋地张开了嘴，虽然要躲雨，可这暴风中的美食也不能错过哦！

Pterorhynchus
翼手喙龙

体型：体长约 0.85 米

食性：肉食

生存年代：侏罗纪

化石产地：亚洲，中国

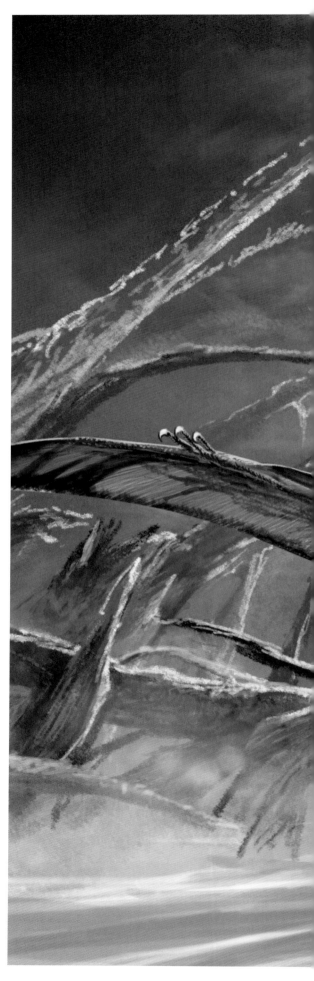

以小动物为食的
丝绸翼龙

科学家发现的大部分翼龙化石都埋藏在海相沉积地层或者湖泊沉积地层中，也就是说这些翼龙生活在海边或者湖泊边，以鱼类为食。可是，丝绸翼龙却很奇特，它的化石埋藏在陆相沉积地层中。科学家推测，它生活的地方可能离水并不近，所以它可能不喜欢吃鱼，而以陆地上的小动物为食。

Sericipterus
丝绸翼龙

体型：	翼展约 1.73 米
食性：	肉食
生存年代：	侏罗纪
化石产地：	亚洲，中国

1 米

1 米

它长得完全不像凤凰的
凤凰翼龙

凤凰翼龙和凤凰长得并不相像，而且也不如凤凰那般优雅。它总是喜欢张着大大的嘴巴，露出锋利的牙齿，看上去恐怖极了。

实际上，科学家之所以为它起这个名字，是因为它的化石发现于中国辽宁省的凤凰山。

凤凰翼龙的身体很强壮，脖子几乎和脑袋一样长，而且很粗壮。它的头顶上并没有漂亮的嵴冠。

Fenghuangopterus
凤凰翼龙

体型：翼展约 1.5 米

食性：肉食

生存年代：侏罗纪

化石产地：亚洲，中国

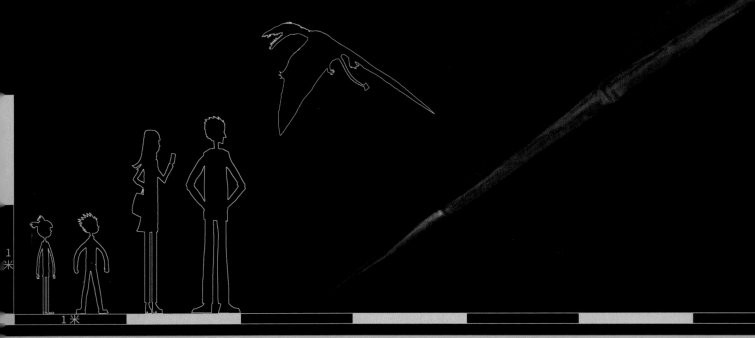

距今年代 （百万年）	252.17 ±0.06	~247.2	~237	201.3 ±0.2	174.1 ±1.0	163 ±1.0
世纪	早三叠世	中三叠世	晚三叠世	早侏罗世		中侏罗世
		三叠纪		侏罗纪		
代						
宙						

1 米

1 米

喜欢吃昆虫的
卡尼亚指翼龙

很多翼龙都喜欢以水里的鱼为食，但是，卡尼亚指翼龙似乎觉得要除去那些硬硬的鱼鳞，实在是太麻烦了，所以它更喜欢吃柔软的昆虫。

当然，这可不是我的猜测。从卡尼亚指翼龙的化石上看，卡尼亚指翼龙的牙齿并没有明显的磨损，这就说明它们更喜欢吃那些不需要加工的食物。

Carniadactylus
卡尼亚指翼龙

体型：翼展约 1 米

食性：昆虫

生存年代：三叠纪

化石产地：欧洲，意大利

能在夜晚捕食的
曲颌翼龙

曲颌翼龙长有一双大大的眼睛，科学家说它的视力非常好，甚至在夜晚都能清楚地看到东西，所以它可能常常在夜晚出去捕食，这虽然会对它的睡眠有些影响，可毕竟不用和很多竞争者抢夺食物，也还是值得的！

从发现翼龙以来，人们就在探究一个问题——究竟翼龙能不能在地面上很好地行走呢？这个问题在曲颌翼龙的身上有了答案。它的化石告诉我们，包括它在内的很多翼龙在地面上的行动都非常笨拙，就像还没学会走路的孩子一样。

Campylognathoides
曲颌翼龙

体型：翼展 1 ～ 1.825 米

食性：鱼

生存年代：侏罗纪

化石产地：欧洲、亚洲

1米

1米

翱翔于瑞士上空的
孔颌翼龙

孔颌翼龙是在瑞士发现的为数不多的翼龙之一，非常珍贵。因为它存留下来的化石非常少，只有一块下颌，所以科学家只好按照它亲戚的样子去推测它的长相，就像在重建狭鼻翼龙时所采用的方法一样。

科学家推测，孔颌翼龙应该长有尖长的脑袋，大大的眼睛，锋利的牙齿。此外，它的双翼很长，身体较瘦，尾巴带有可以在飞行中控制方向的骨片。

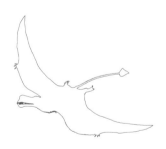

Caviramus
孔颌翼龙

体型：	不详
食性：	鱼
生存年代：	三叠纪
化石产地：	欧洲，瑞士

扑向爱人的
奥地利翼龙

　　繁殖的季节又到了，奥地利翼龙振动双翼，在丛林的上空飞翔。

　　它的体态轻盈，姿势优美，那条长长的尾巴上的菱形骨片，就像是华丽的方向盘，为它的急速前行把握着方向。它的心早已经像海面的波浪一般，澎湃不已，因为它就要见到心爱的对象了！

　　你瞧，它那像落日一般绚丽的头冠，也正帮助它为引起爱人的注意而努力呢！

Austriadactylus
奥地利翼龙

体型：	翼展约1.2米
	体长约1米（包括尾巴）
食性：	肉食
生存年代：	三叠纪
化石产地：	欧洲，奥地利

真双型齿翼龙 ——
攀岩高手

　　真双型齿翼龙不仅是飞行高手，也是攀岩高手，它常常灵活地攀爬在岸边的岩石上，伏击猎物。你瞧，它的捕食活动开始了。

　　在天空飞翔的一只真双型齿翼龙缓缓落下，指爪紧紧地抓住突起的岩石，大大的眼睛盯着波浪翻滚的海面。

　　忽然，它的眼睛被那朵跳跃的浪花吸引了。它可不是在欣赏美丽的浪花，它更喜欢乘着浪花到外面的世界看风景的鱼。

　　它屏息静气，收紧身体的每一块肌肉，一直等到浪花从最高点跌落的瞬间，才迅速地飞扑出去。鱼儿被它稳稳地咬在了嘴里，它轻轻地落回岩石上，这下终于可以享受美味了。

1米

1米

距今年代 （百万年）	252.17 ±0.06	~247.2	~237		201.3 ±0.2		174.1 ±1.0	163.5 ±1.0
世纪	早三叠世	中三叠世	晚三叠世			早侏罗世		中侏罗世
代			三叠纪				侏罗纪	
宙								

Eudimorphodon
真双型齿翼龙

体型：翼展约 1 米

食性：鱼

生存年代：三叠纪

化石产地：欧洲

~145.0   100.5   66.0

晚侏罗世   早白垩世   晚白垩世

白垩纪

中生代

显生宙

捕食的
莱提亚翼龙

　　一只张着大嘴、露出獠牙状牙齿的莱提亚翼龙，急匆匆地在天空掠过。虽然周围的彩霞是那么绚丽，可它看都不看一眼。它急切地挥动着宽大的翼展，像是要把那些挡路的云彩都扇走。

　　它这是要去哪里呢？呵呵，看看不远处海面上那一群嬉戏的鱼就知道了，恐怕莱提亚翼龙已经忍不住要流口水了！

Raeticodactylus
莱提亚翼龙

体型：	翼展约 1.35 米
食性：	肉食
生存年代：	三叠纪
化石产地：	欧洲，瑞士

陪伴着恐龙的
蓓天翼龙

    翼龙是恐龙最好的朋友，它们几乎同时出现在这个世界上，然后又一起消失了。

    瞧，当那身体瘦小的腔骨龙还没有展现出恐龙家族的霸气，依然在"大个子"的压迫下艰难生存时，作为翼龙家族刚刚出现的成员，在天空中飞翔的蓓天翼龙陪伴着它们度过了很多美好的时光。虽然它无法为腔骨龙捕到猎物或击退敌人，但是这样的陪伴多少让腔骨龙不再那么害怕了！

Peteinosaurus
蓓天翼龙

体型：体长 0.6 米

食性：昆虫

生存年代：三叠纪

化石产地：欧洲，意大利

长有两种牙齿的
双型齿翼龙

双型齿翼龙的身体很小，但是脑袋却很大，以至于人们常常为此产生疑问：它能带着这么大的脑袋在天空自由翱翔吗？不过，你不必为它担心，因为它的头骨上长有三个巨大的洞，完全能够减轻脑袋的重量。

双型齿翼龙除了大大的脑袋，最有特点的地方就是它的牙齿了。与一些原始的翼龙目动物一样，它也长有两种类型的牙齿——颌骨前部的长牙以及颌骨后部的小尖牙。

Dimorphodon
双型齿翼龙

体型：	翼展 1.45 米
	体长 1 米
食性：	肉食
生存年代：	侏罗纪
化石产地：	欧洲，英国

像青蛙的
蛙颌翼龙

蛙颌翼龙很像一只在天上飞的青蛙，这不仅是因为它的下颌和青蛙很像，还因为它的头骨化石保存的形状也非常像一只青蛙。

古生物学家认为，它们会在飞行中张开大嘴巴去捕食昆虫，不过，很可惜它们没有长着像青蛙那样可以吐出去粘住猎物的舌头，不然捕食会更轻松。

和绝大部分长有长尾巴的非翼手龙类恐龙不同，蛙颌翼龙的尾巴非常短，几乎可以忽略不计。

Batrachognathus
蛙颌翼龙

体型：	翼展约 0.5 米
食性：	昆虫
生存年代：	侏罗纪
化石产地：	亚洲，哈萨克斯坦

1米

1米

蛙嘴龙与蜥脚类恐龙的幸福生活

雨季来临了，植物都在疯长，新鲜的叶子仿佛一夜之间就挂满了整个枝头。

一只庞大的蜥脚类恐龙像一台割草机一样，大口大口地捋着这些叶子，没一会儿，树枝上就空了一大片。充足的食物让它的心情非常好。

可是，几只吸血昆虫忽然飞到了它的头顶，嗡嗡嗡地叫个不停。它烦透了，这些讨厌的声音打搅了它的雅兴。它用力地甩了甩长长的尾巴，可根本不起什么作用，那些小家伙因为它的反抗反而更加兴奋了。

就在这时，一只漂亮的蛙嘴龙快速而优雅地俯冲下来，停留在距离它的眼睛大约半米的地方，然后准确无误地将一只正要吸血的昆虫吞到了肚子里。

那些正吃得津津有味的昆虫吓得四散而逃，蜥脚类恐龙终于可以安静地享受自己的美餐时间了，而蛙嘴龙呢，正幸福地嚼着蜥脚类恐龙为自己吸引来的食物，在心里偷笑呢！

Anurognathus
蛙嘴龙

体型：翼展约 0.5 米

食性：昆虫

生存年代：侏罗纪

化石产地：欧洲，德国

"毛茸茸"的
热河翼龙

如果要用一个词来形容热河翼龙的话，那一定是"毛茸茸"最为贴切了。科学家研究了热河翼龙的化石后发现，它的全身上下应该都布满了短而粗的毛。这些毛既可以帮助热河翼龙调节体温，增强飞行能力，还能在它捕捉猎物时起到消音的作用，避免惊动猎物！

Jeholopterus
热河翼龙

体型：翼展约0.9米

食性：肉食

生存年代：晚侏罗世至早白垩世

化石产地：亚洲，中国

惊恐的 树翼龙

一只浑身长满刺的天宇龙正准备找个山洞过夜，可没想到却惊扰了在洞里栖息的树翼龙。

树翼龙被这突如其来的丑陋家伙吓得惊慌失措，它们大声地叫着，四散而逃。

而这只有些无辜的天宇龙则呆呆地望着那些正在逃窜的树翼龙，不知该如何是好。它不过是想借住在这里嘛，怎么大家那么害怕呢！

Dendrorhynchoides
树翼龙

体型：	翼展约 0.4 米
	体长 0.12 米
食性：	昆虫
生存年代：	白垩纪
化石产地：	亚洲，中国

1米

1米

化石上保存有毛发的
鲲鹏翼龙

虽然我们看到的很多翼龙形象都是长有毛发的，但那大部分都是人们的猜测，真正在化石中保存有毛发的翼龙并不多。不过，鲲鹏翼龙非常幸运，科学家在它的化石上发现了毛发的痕迹。

从鲲鹏翼龙的化石上看，它的头骨顶部保存有毛发印痕，这至少说明它的脑袋顶上是长有美丽的毛发的，就像图中展现的那样。

Kunpengopterus
鲲鹏翼龙

体型：	翼展约 0.7 米
食性：	鱼
生存年代：	晚侏罗世至早白垩世
化石产地：	亚洲，中国

达尔文翼龙 —

温暖的一家

天才刚刚亮，达尔文翼龙就起床去觅食了。但是那些小动物像是预先知道了一样，都藏了起来，它飞了很远才抓到一只干巴巴的蜥蜴。虽然自己的肚子很饿，但它还是坚持把蜥蜴含在嘴里带回了家，它得把这只蜥蜴留给正在孵蛋的妻子。

Darwinopterus
达尔文翼龙

体型：翼展约1米

食性：肉食

生存年代：晚侏罗世至早白垩世

化石产地：亚洲，中国

不会七十二变的
悟空翼龙

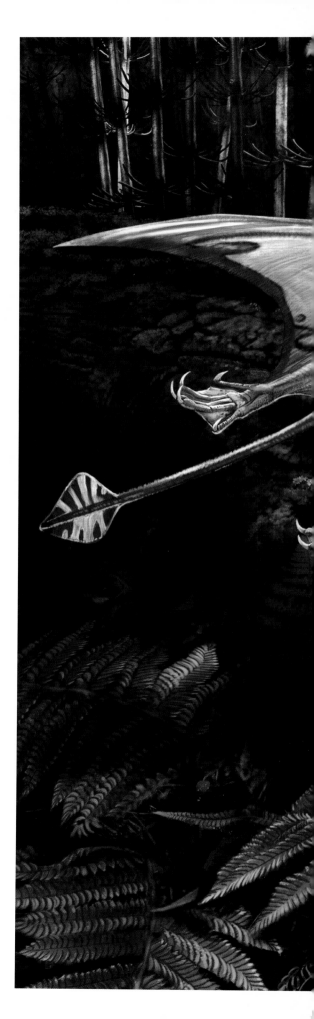

虽然名字也叫悟空，但是悟空翼龙并不会七十二变。不过，它的飞行本领说不定比悟空还好很多呢！

你瞧，它正从树上腾空而起，去追那水面上嬉戏的鱼儿。它那美丽的翼展像波浪一样在空中呼啸而过，留下了一道动人的影子。

Wukongopterus
悟空翼龙

体型：翼展约 0.73 米

体长约 0.5 米

食性：鱼

生存年代：晚侏罗世至早白垩世

化石产地：亚洲，中国

1米

1米

化石少得可怜的
狭鼻翼龙

因为骨骼纤细，相比恐龙化石而言，翼龙的化石更难被保存下来。比如狭鼻翼龙，到目前为止，人们只发现了它的一个不完整的头骨化石。

化石证据这么少，那科学家是怎样对狭鼻翼龙进行重建的呢？

在这种情况下，科学家除了凭借已有的化石，还必须要参考狭鼻翼龙的亲戚的样貌。他们经过这样的分析后认为，狭鼻翼龙身材中等，长有短而有力的脖子，粗壮的前肢以及长长的带有骨片的尾巴。

Angustinaripterus
狭鼻翼龙

体型：	翼展约 2 米
食性：	鱼
生存年代：	侏罗纪
化石产地：	亚洲，中国

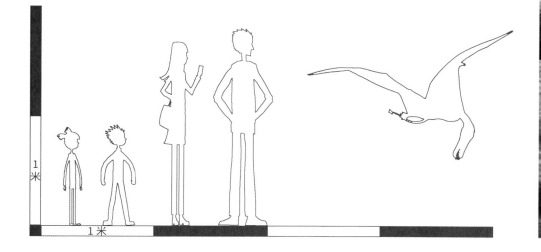

本书涉及翼手龙类
主要古生物化石产地分布示意图

编绘机构：PNSO 啄木鸟科学艺术小组

亚洲区域 南美洲区域 非洲区域 欧洲区域 北美洲区域 大洋洲区域

本书涉及翼手龙类
主要古生物中生代地质年代表

编绘机构：PNSO 啄木鸟科学艺术小组

距今年代（百万年）	252.17±0.06	~247.2	~237		201.3±0.2		174.1±1.0	163. ±1.0
世	早三叠世	中三叠世	晚三叠世		早侏罗世		中侏罗世	
纪			三叠纪				侏罗纪	
代								
宙								

~145.0　　　　　　　　100.5　　　　　　　　66.0

晚侏罗世　　　　早白垩世　　　　晚白垩世

白垩纪

中生代

显生宙

比帆翼龙古老的
古帆翼龙

古帆翼龙是比帆翼龙更古老的翼龙，它是帆翼龙科家族最早的成员，生存于中侏罗世。

古帆翼龙被保存在一块平整的化石上，虽然不是很完整，但已经能够体现出它独有的特征了。

古帆翼龙和帆翼龙的样子很像，体型中等，脑袋细长，眼睛不大，嘴巴前部有锋利的牙齿。

Archaeoistiodactylus
古帆翼龙

体型：翼展约 1.5 米

食性：不详

生存年代：侏罗纪

化石产地：亚洲，中国

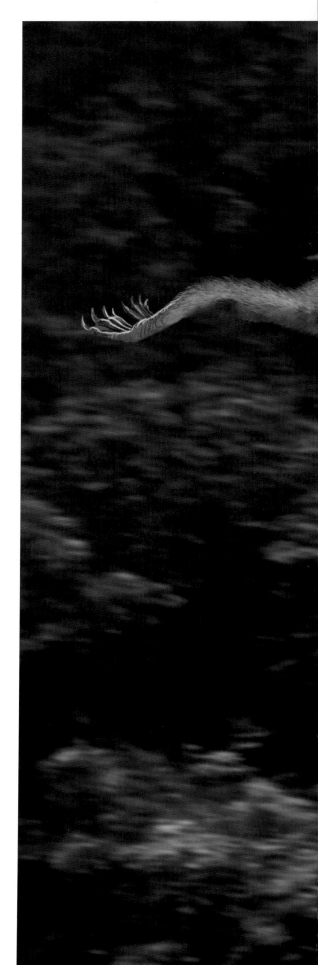

乌鸦翼龙 ——
白垩纪的清道夫

　　乌鸦翼龙的牙齿特别多，超过了 100 颗，而且它们又长又密，完全能够适应吃肉的需要，而不单单是捕鱼。所以，科学家认为，乌鸦翼龙就像是白垩纪的清道夫，常常打扫那些肉食恐龙剩下的残羹冷炙，就像今天的乌鸦和秃鹫。不过，这并不是它名字的由来，科学家在当初命名的时候是看到它的头颅骨很像当地原住民的乌鸦面具，所以才起了这个名字。

　　近年来，一些科学家重新研究了乌鸦翼龙的化石，他们认为乌鸦翼龙极有可能是一种并不属于翼龙类的爬行动物。

距今年代 (百万年)	252.17 ±0.06	~247.2	~237		201.3 ±0.2		174.1 ±1.0	163. ±1.
世 纪 代 宙	早三叠世	中三叠世	晚三叠世		早侏罗世		中侏罗世	
			三叠纪				侏罗纪	

Gwawinapterus
乌鸦翼龙

体型：翼展约 3 米

食性：肉食

生存年代：白垩纪

化石产地：北美洲，加拿大

~145.0

100.5

66.0

晚侏罗世

早白垩世

晚白垩世

白垩纪

中生代

显生宙

努尔哈赤翼龙——
献给努尔哈赤

努尔哈赤翼龙名字的由来是为了献给努尔哈赤这位赫赫有名的历史人物。

努尔哈赤翼龙长有一个巨大的脑袋，它的长度几乎达到了身体的 1/3。这么大的脑袋可不只是摆设，它不仅是很好的捕食工具，同时也能够在飞行时控制方向。

Nurhachius
努尔哈赤翼龙

体型：翼展 2.4 ～ 2.5 米

食性：鱼

生存年代：白垩纪

化石产地：亚洲，中国

与凶猛的南方盗龙和平相处的 矮喙龙

巨大的矮喙龙和凶猛的南方盗龙共同生活在早白垩世南美洲的丛林，它们一个是天空的霸主，一个是陆地的首领，但却和平相处着，相互陪伴。

这样美好的生活得以让矮喙龙寿终正寝，安详地离开了这个世界，这在当时竞争激烈的生存环境中，是一件非常不容易的事情。

Coloborhynchus
矮喙龙

体型：	翼展4～6米
食性：	肉食
生存年代：	白垩纪
化石产地：	南美洲、欧洲

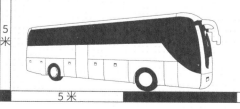

5米

5米

南美洲的
巴西翼龙

　　翱翔于天空的翼龙，总是能轻易地把树上的蜥蜴、水里的鱼都吞到肚子里，但是它们也不是常胜将军，一旦落到陆地上，战斗力就会大大下降。你瞧那只巴西翼龙，尽管它的身形很大，翼展能达到 4 米，可还是被激龙逮了个正着！所以，即使能飞上天空，也不能得意忘形哦！

Brasileodactylus
巴西翼龙

体型：	翼展约 4 米
食性：	鱼
生存年代：	白垩纪
化石产地：	南美洲，巴西

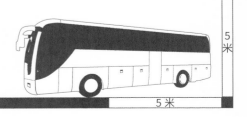

5 米

5 米

奇特的 帆翼龙

　　帆翼龙家族的成员大都长有一张像鸭子一样的嘴巴，扁扁的，呈半圆形，因此它们还有另外一个名字——鸭嘴翼龙。但是其家族中的中国帆翼龙却是个例外，它的嘴巴尖尖的，看上去很锋利。

　　不过，一些科学家认为中国帆翼龙和努尔哈赤翼龙是同一种动物。如果这个说法成立，那帆翼龙家族就只剩下了生活在欧洲的阔齿帆翼龙。

Istiodactylus
帆翼龙

体型：翼展约 2.7 ～ 5 米

食性：鱼

生存年代：白垩纪

化石产地：亚洲、欧洲

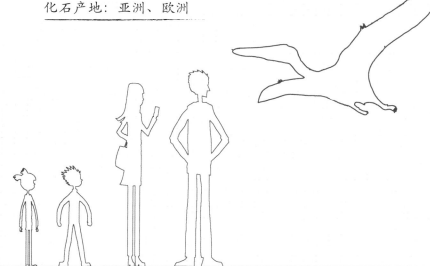

在大战前逃生的
古魔翼龙

　　巨大的植食性恐龙马萨卡利神龙突然陷在了沼泽里，两只犰狳鳄寻着这新鲜的味道而来，准备轻松地拿下上天赐给它们的猎物。

　　而在一旁休息的古魔翼龙看到这情景立刻腾空而起，它可不想参与到这场血腥的战斗中……

　　古魔翼龙最特别的地方是上颌和下颌都长有半圆形的冠饰，非常漂亮。它们的嘴巴里布满圆锥状的弯曲的牙齿，非常适合捕鱼。

Anhanguera
古魔翼龙

体型：翼展 4 ～ 4.5 米

食性：鱼

生存年代：白垩纪

化石产地：南美洲、欧洲、
　　　　　大洋洲

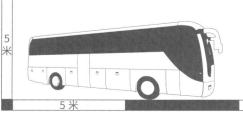

5米

5米

鸟掌龙 ——
飞向大海的那边

鸟掌龙用坚毅的目光望向海的对岸，这是它第一次要去那里繁衍自己的后代。虽然内心忐忑不安，但是，已经有过一次经验的伙伴鼓励着它，它的内心渐渐充满了力量。它们在金色的夕阳下展翅翱翔，散发着生命的光辉。

鸟掌龙是最早出现的大型翼龙类，最大的翼展达到了 6 米。它们的颌部笔直，上下颌也都有半圆形的冠饰。

Ornithocheirus
鸟掌龙

体型：	翼展达 6 米
食性：	鱼
生存年代：	白垩纪
化石产地：	欧洲、南美洲

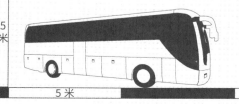

5 米

5 米

郝氏翼龙 ——
我的鱼在哪儿

要不是因为一不小心把嘴巴里的鱼掉在了陆地上，郝氏翼龙说什么都不会在陆地上走来走去。别看它能在天空中振翅高飞，可是在陆地上，它却像个婴儿一般，连路都走不稳。你瞧，它走得多慢呀！

郝氏翼龙的体型不大，如果栖息在陆地上，会以四足行走。它们的脑袋长而低矮，没有头冠。

Haopterus
郝氏翼龙

体型：翼展达 1.35 米

食性：鱼

生存年代：白垩纪

化石产地：亚洲，中国

有角蛇翼龙 ——
它和有角蛇怪有什么关系呢

有角蛇翼龙的名字充满了神秘色彩，它来自北美印第安人切罗基族神话中的有角蛇怪。

有角蛇翼龙的翼展很大，但是身体瘦小。它们长有明显的冠饰，嘴巴里有尖利的牙齿，外形与古魔翼龙非常相似。

Uktenadactylus
有角蛇翼龙

体型：翼展约 5 米

食性：鱼

生存年代：白垩纪

化石产地：北美洲，美国

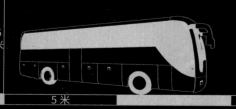

5
米

5 米

距今年代 （百万年）	252.17 ±0.06	~247.2	~237		201.3 ±0.2		174.1 ±1.0	163.5 ±1.0
世 纪	早三叠世	中三叠世	晚三叠世			早侏罗世		中侏罗世
代			三叠纪				侏罗纪	
宙								

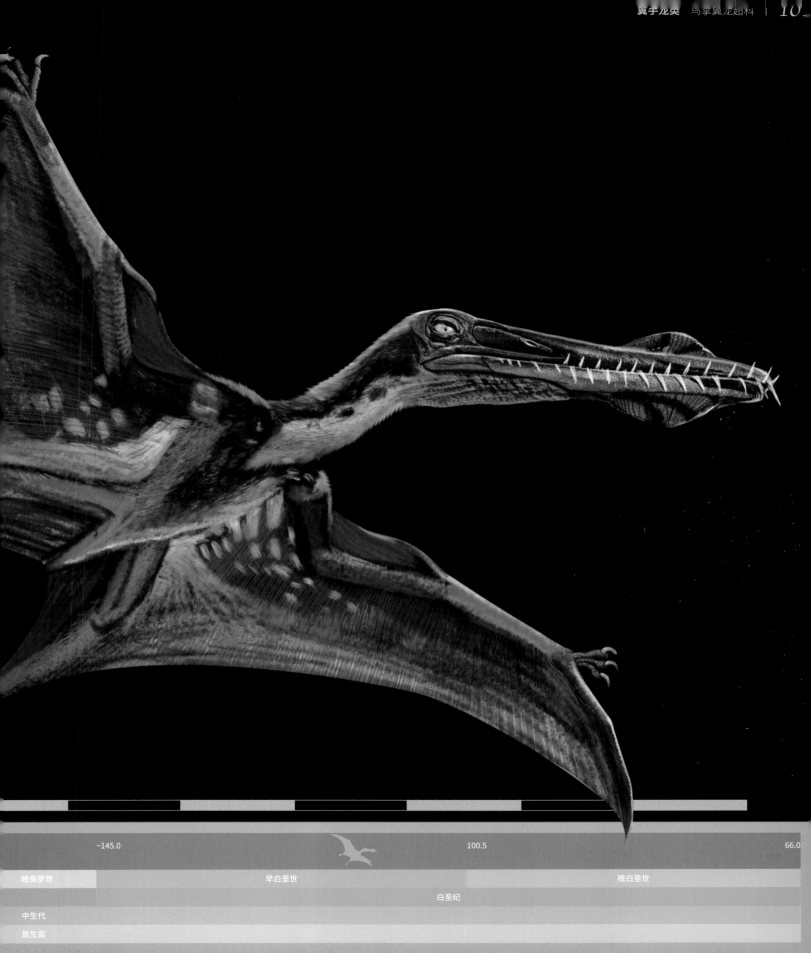

捻船头翼龙——
吓走了要喝水的葡萄园龙

早白垩世今天的欧洲，一只拥有华丽头冠的捻船头翼龙从水面掠过。它锋利的牙齿伸向嘴外，长长的双翼掀动水浪，看上去恐怖极了，就连正要喝水的葡萄园龙也转头向森林里走去，想等这个大家伙飞过，再安全地享用河水。

捻船头翼龙的牙齿非常特别，最前部是大型的尖牙，中间是一些较小的牙齿，后部又是略大的牙齿。而它捕鱼的武器就是中间那段较小的牙齿，它们能很容易咬住鱼的身体。

Caulkicephalus
捻船头翼龙

体型：	翼展约 4 米
食性：	鱼
生存年代：	白垩纪
化石产地：	欧洲，英国

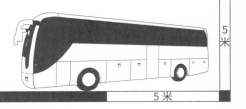

5 米

5 米

玩具翼龙 ——
它一点儿都不像名字那样可爱

玩具翼龙的名字听上去很可爱，可事实上，它一点儿都不像小朋友手中的玩具。你瞧，它张开布满尖牙的大嘴，眼睛里露出凶狠的光，正牢牢盯着猎物，它是一个不折不扣的血腥杀手。

和其他的鸟掌龙科翼龙不同，同属这一家族的玩具翼龙并不是在上颌部分长有嵴冠，它的嵴冠长在了头部后方，非常特别。

Ludodactylus
玩具翼龙

体型：	翼展约5米
食性：	鱼
生存年代：	白垩纪
化石产地：	南美洲，巴西

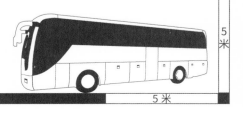

5 米

5 米

无齿翼龙 ——
瞧我的头冠多美呀！

夕阳西下，整个世界都被笼罩在一片绚烂之中。一只雌性无齿翼龙似乎被这美景吸引了，它站在高高的山顶，静静地望向那彩霞浮动的天空。

它的爱人不免有些嫉妒，它从雌性无齿翼龙的眼前飞过，在夕阳的余晖中向它炫耀自己漂亮的头冠。

无齿翼龙是体型最大的翼龙类之一，翼展长达9米。它最大的特点是长有没有牙齿的喙状嘴，和今天的鸟类相似。

Pteranodon
无齿翼龙

体型：翼展达9米

食性：肉食

生存年代：白垩纪

化石产地：北美洲

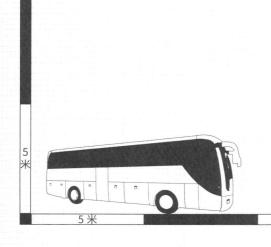

5米

5米

北方翼龙 ——
轻盈而灵活的滑翔者

早白垩世的中国东北部，一只北方翼龙轻盈地停落在带有神秘色彩的树杈上。

在雾气蒸腾的河面上，它试图找到属于自己的食物。

北方翼龙身材娇小，古生物学家推测它们像今天的军舰鸟一样，是轻盈而灵活的滑翔者。

Boreopterus
北方翼龙

体型：	翼展约 1.5 米
食性：	鱼
生存年代：	白垩纪
化石产地：	亚洲，中国

1 米

1 米

躲雨的飞龙

在暴风雨即将来临之前向家飞去的这只翼龙叫飞龙，它的名字很特别，是直接按照汉语拼音来命名的，指的是中国传说中会飞的龙。虽然这个名字很好记，但是在中国香港，人们是用飞龙来称呼整个翼龙家族的，所以它的名字在中国香港有可能会引起混淆哦！

飞龙最特别的地方是长有两个嵴冠，略低矮一些的长在喙状嘴上，另一个则长在头颅后部，向后延伸。飞龙的体型中等，身体适合滑翔。

Feilongus
飞龙

体型：	翼展约 2.4 米
食性：	鱼
生存年代：	白垩纪
化石产地：	亚洲，中国

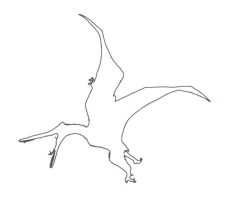

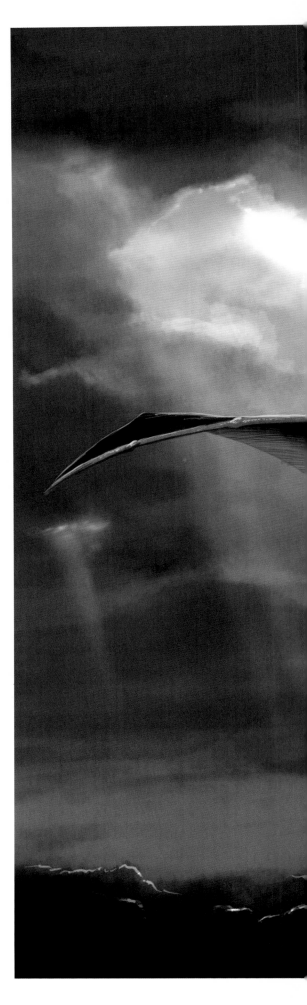

夜翼龙——
壮观地飞过天空

黄昏，是最想家的时候。当温暖的余晖开始笼罩大地，一群夜翼龙结束了一天的觅食工作，踏上了返家的旅途。

在辽阔的天空中，这群夜翼龙是那样醒目，它们庞大高耸的头冠与宽大的翼展一起，似乎构成了一种奇特的飞行器。

夜翼龙是唯一一种前肢上没有爪的翼龙，所以它不能攀岩或者爬树，大部分时间都是在飞行中度过的。

Nyctosaurus
夜翼龙

体型：翼展 2 米

食性：肉食

生存年代：白垩纪

化石产地：北美洲，美国

1米

1米

不长牙齿的 道恩翼龙

道恩翼龙的嘴巴很大，却没有牙齿。这种特殊的结构不仅不会影响它捕食，而且能很好地减轻其头骨的重量，头部呈现出的流线型，更利于它飞行。

道恩翼龙的身体很小，翼展很大，头颅后部长有一个微微向上翘起的嵴冠，看上去像是戴了一个小小的礼帽，非常优雅。

Dawndraco
道恩翼龙

体型：	翼展约 5 米
食性：	鱼
生存年代：	白垩纪
化石产地：	北美洲，美国

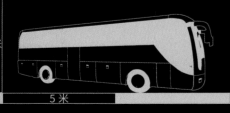

5 米

距今年代 （百万年）	252.17 ±0.06	~247.2	~237		201.3 ±0.2		174.1 ±1.0	163.5 ±1.0
世 纪	早三叠世	中三叠世	晚三叠世		早侏罗世		中侏罗世	
			三叠纪				侏罗纪	
代								
宙								

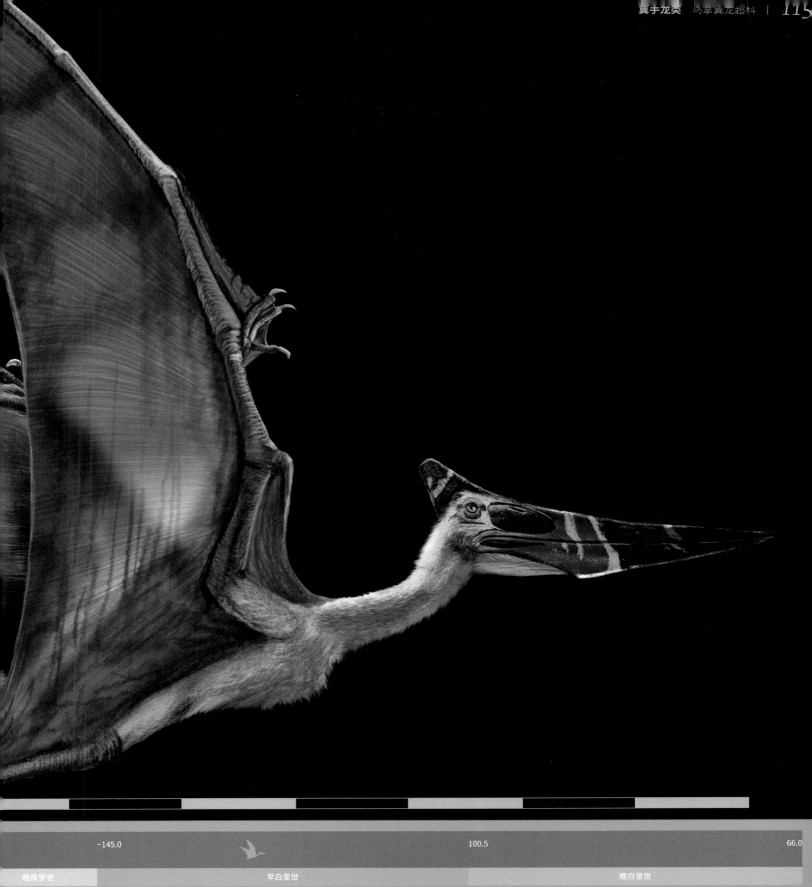

大脑袋的 振元翼龙

振元翼龙最大的特点就是脑袋很长，大约有半米，而在这个大脑袋上面还长有一个低矮的外形不规则的冠饰。它长有非常多的牙齿，相互交错在一起，看上去很恐怖。

振元翼龙生活在靠近湖泊的地方，它常常低飞于水面上，以捕鱼为生。

Zhenyuanopterus
振元翼龙

体型：翼展约4米

食性：鱼类等

生存年代：白垩纪

化石产地：亚洲，中国

嘴巴像漏斗,牙齿像梳子的
梳颌翼龙

清晨的阳光透过树叶的缝隙,照射到晚侏罗世今天的欧洲中部的大地上,清澈的湖水在阳光的照耀下现出一片涟漪。一切都像是要追随充满生机的阳光从黑暗中苏醒一样,生命的力量在森林里渐渐升腾起来。

两只梳颌翼龙踏进池塘,享受着冰凉的湖水。梳颌翼龙嘴里有接近 400 颗牙齿,这些牙齿虽然不能强有力地撕扯猎物,却可以像漏斗一样瞬间将大量的鱼搜罗到自己嘴里。接下来,它们就只等着把多余的水滤出去,就能享用美食了!这样独特的捕鱼方式大大提高了它们的效率和成功率,所以当那些鱼儿看到这样的"漏斗"出现在水面时,总是想方设法躲得远远的。

Ctenochasma
梳颌翼龙

体型:翼展 0.3 ~ 1.2 米

食性:鱼

生存年代:侏罗纪

化石产地:欧洲

1 米

1 米

翼龙家族的新成员

昂温翼龙

由于科学家的努力，翼龙家族常常会兴奋地迎来自己的新成员，而我们也有幸能看到很多漂亮的身影。

昂温翼龙算是近年来翼龙家族的新成员了，2011 年，它的化石被发现于巴西东北部西阿省卡里里市（Cariri）外的一个小镇。昂温翼龙最明显的特点就是锋利的、参差不齐的牙齿，看上去就像一把锋利的老虎钳，它喜欢用这把"钳子"抓鱼吃。

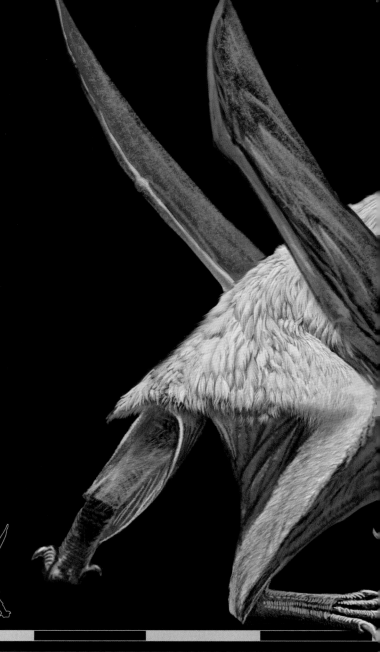

1 米

1 米

距今年代（百万年）	252.17 ±0.06	~247.2	~237		201.3 ±0.2		174.1 ±1.0	163.5 ±1.0
世纪	早三叠世	中三叠世	晚三叠世			早侏罗世		中侏罗世
			三叠纪				侏罗纪	
代								
宙								

Unwindia
昂温翼龙

体型：翼展约 2 米

食性：鱼

生存年代：白垩纪

化石产地：南美洲，巴西

~145.0   100.5   66.0

晚侏罗世   早白垩世   晚白垩世

白垩纪

中生代

显生宙

大口捞鱼的 南翼龙

清晨的阳光透过绿叶照在了水面上，绿油油的光感染了整个森林。

两只南翼龙相约来到水里捕鱼，这么美好的时间它们怎么能虚度呢！

南翼龙站在水里，把长长的嘴巴伸了进去。咦？你肯定会问，它们怎么不像别的翼龙那样低飞在水面上捕食呢？这是因为它们的牙齿所致。它们有1000多颗牙齿，每厘米的颌上都挤着24颗，如此多的牙齿让它们选择了不同的捕食方式，不是抓捕，而是像大汤勺一样从水中捕捞鱼、甲壳动物、浮游生物等。

Pterodaustro
南翼龙

体型：翼展约 1.33 米

食性：鱼、水生甲壳动物等

生存年代：白垩纪

化石产地：南美洲，阿根廷、智利

捕食中的
滤齿翼龙

　　看看阳光下那两只正要捕食的滤齿翼龙的嘴就知道，它们一定也像梳颌翼龙一样，将长长的嘴插进水里，等鱼儿游到嘴巴里后，再闭起来，慢慢将水滤干净，然后将鱼吞到肚子里。滤齿翼龙和梳颌翼龙一样，也属于梳颌翼龙科，它们是当时热河生物群中最具优势的翼龙之一。

Pterofiltrus
滤齿翼龙

体型：	翼展约 1.5 米
食性：	鱼
生存年代：	白垩纪
化石产地：	亚洲，中国

1 米

1 米

水上舞者 匙喙翼龙

一只洁白的匙喙翼龙从空中落下，它飞得很低很低，圆圆的嘴巴碰到了水面，划出几道美丽的波纹。它就在水面上那样一划而过，优美得像是在跳舞。

可是你一定不知道，此时的水下早已乱作一团，鱼儿们正在四处逃命。

原来，匙喙翼龙并不是在跳舞，它正在用半圆形镰刀一样的嘴巴在水中来回扫动，搅动泥浆或者水草逼出居住在水中的居民，好让它们乖乖地成为自己的美食。

Plataleorhynchus
匙喙翼龙

体型：翼展约2米

食性：鱼

生存年代：晚侏罗世至早白垩世

化石产地：欧洲，英国

西阿翼龙 ——
残忍的捕食者

　　西阿翼龙的全名叫凶暴西阿翼龙，那是因为科学家在发现它的化石时，看到了它那些恐怖的牙齿。西阿翼龙的牙齿长而锐利，就像钢钉一样，能够轻松地抓捕海生动物。

　　西阿翼龙的体型很大，不过它不像很多大型翼龙那样靠滑翔前进，而是挥动双翼主动飞行。

Cearadactylus
西阿翼龙

体型：	翼展约 4 ～ 5.5 米
食性：	鱼
生存年代：	白垩纪
化石产地：	南美洲，巴西

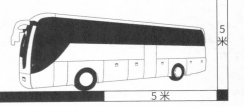

5 米

5 米

格格翼龙 ——
翼龙家族中的贵族

格格是满族对贵族女性的称呼，而在翼龙家族中也有一位格格，它叫格格翼龙。格格翼龙之所以叫这个名字，是因为它的化石保存得很细致，这点似乎和格格的气质相似。

格格翼龙的体型不大，也长有长长的喙状嘴和针状的牙齿。

Gegepterus
格格翼龙

体型：	翼展约 1.5 米
食性：	鱼
生存年代：	白垩纪
化石产地：	亚洲，中国

像鸢一样会俯冲袭击猎物的
鸢翼龙

鸢是鹰科一种小型的鹰。它们生性凶猛，以善于在天上优美持久地翱翔著称。鸢翼龙名字中的"鸢"指的就是这种动物，科学家推测鸢翼龙可能也像鸢一样凶猛，常常从空中俯冲下来袭击猎物。

鸢翼龙体型中等，长有长长的脑袋，喙状嘴前部长有密集而锋利的牙齿。

Elanodactylus
鸢翼龙

体型：	翼展约 2.5 米
食性：	鱼
生存年代：	白垩纪
化石产地：	亚洲，中国

宁城翼龙 ——

毛茸茸的小可爱

科学家在发掘宁城翼龙的化石时，发现了一个几乎完整的幼年个体骨骼，包括难以保存的罕见的翼膜和毛的软组织。这块珍贵的化石为科学家提供了不少线索，他们依据化石判断出宁城翼龙的身上被着一层细密的茸毛。

因此，重建后的宁城翼龙就成了复原图上所呈现的毛茸茸的样子，可爱极了！

距今年代（百万年）	252.17 ±0.06	~247.2	~237		201.3 ±0.2		174.1 ±1.0	163. ±1.
世	早三叠世	中三叠世	晚三叠世		早侏罗世		中侏罗世	
纪			三叠纪				侏罗纪	
代								
宙								

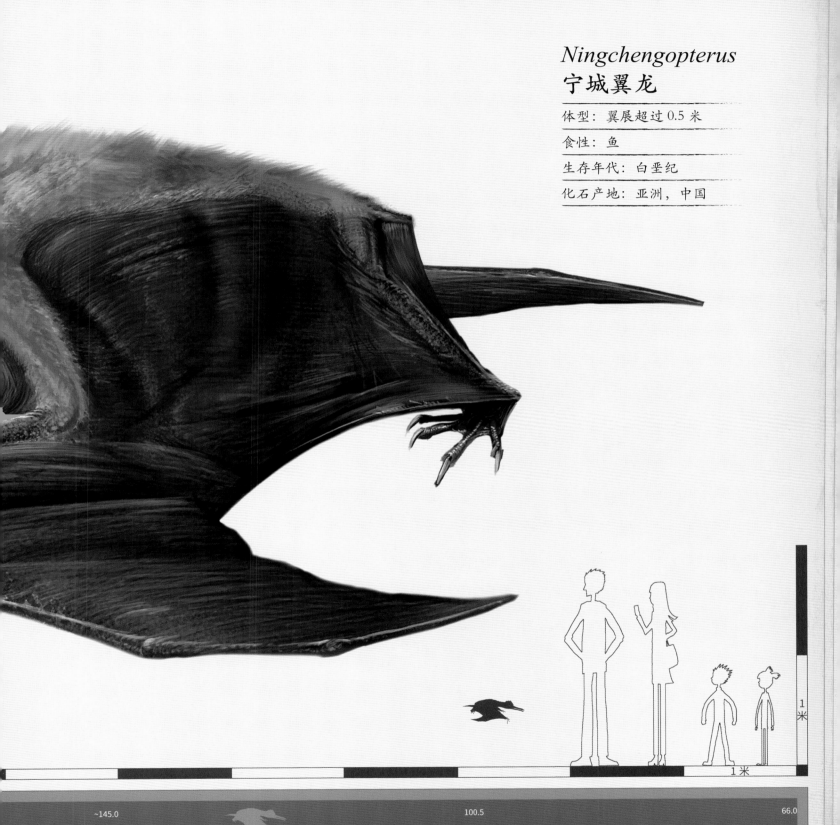

Ningchengopterus
宁城翼龙

体型：翼展超过 0.5 米

食性：鱼

生存年代：白垩纪

化石产地：亚洲，中国

1 米

1 米

~145.0   100.5   66.0

晚侏罗世   早白垩世   晚白垩世

白垩纪

中生代

显生宙

分食的 翼手龙

　　一只 3 米长的原角鼻龙到山谷中的一处水洼饮水，不幸遭遇袭击。掠食者美美地饱餐了一顿，留下原角鼻龙的尸体残骸便离开了。这下可让盘旋在原角鼻龙尸体上方的翼手龙兴奋不已。常常吃鱼，偶尔换换口味也不错。它们用锋利的牙齿撕扯着猎物身上的肉，殷红的鲜血将天空都映红了。

Pterodactylus
翼手龙

体型：翼展约 1.5 米

食性：肉食

生存年代：侏罗纪

化石产地：欧洲

飞翔于非洲上空的
敦达古鲁翼龙

　　19世纪20年代初，人们在非洲坦桑尼亚一个名叫敦达古鲁的地方发现了大量的恐龙、翼龙等动物化石。科学家们总共挖出了250吨化石，一共装满了1000多个大木箱，而敦达古鲁翼龙就是那次挖掘的成果之一，也是这个地区发现的第一种翼龙。

1米

1米

距今年代 （百万年）	252.17 ±0.06	~247.2	~237		201.3 ±0.2		174.1 ±1.0	163.5 ±1.0
世 纪 代 宙	早三叠世	中三叠世	晚三叠世			早侏罗世		中侏罗世
			三叠纪				侏罗纪	

Tendaguripterus
敦达古鲁翼龙

体型：翼展不到 1 米

食性：贝类或螃蟹

生存年代：侏罗纪

化石产地：非洲，坦桑尼亚

~145.0	100.5	66.0
晚侏罗世	早白垩世	晚白垩世
	白垩纪	
中生代		
显生宙		

森林翼龙 ——
和麻雀一样大的翼龙

生活在早白垩世中国东北的森林翼龙是个小可爱，它的身体只有9厘米长，就像一只麻雀。不过，也有研究者称，因为发现的化石是未成年个体，所以才会如此娇小。

大部分翼龙成员的化石都发现于海相沉积层，说明它们生活在大海附近，喜爱吃鱼。可是森林翼龙却生活在内陆，它喜欢栖息在树冠上吃昆虫。

Nemicolopterus
森林翼龙

体　型：	翼展约 0.25 米
	体长约 0.09 米
食　性：	昆虫
生存年代：	白垩纪
化石产地：	亚洲，中国

50
厘
米

50 厘米

都迷科翼龙 ——
它长得和准噶尔翼龙很像

都迷科翼龙的化石发现于都迷科山脉，它曾经生活在早白垩世今天的南美洲西部。

都迷科翼龙体型较小，翼展在 1 米左右，外形类似于著名的准噶尔翼龙，头顶上长有突起的嵴冠，牙齿集中在嘴巴前部。

Domeykodactylus
都迷科翼龙

体型：翼展约 1 米

食性：鱼

生存年代：白垩纪

化石产地：南美洲，智利

距今年代 （百万年）	252.17 ±0.06	~247.2	~237		201.3 ±0.2		174.1 ±1.0	163.5 ±1.0
世	早三叠世	中三叠世	晚三叠世			早侏罗世		中侏罗世
纪			三叠纪					侏罗纪
代								
宙								

~145.0

100.5

66.0

晚侏罗世

早白垩世

晚白垩世

白垩纪

中生代

显生宙

赫伯斯翼龙
和皮亚尼兹基龙的幸福生活

　　赫伯斯翼龙在刚发现的时候被认为是一种恐龙，因为体型很小，还被当成了最小的恐龙之一。赫伯斯翼龙的化石有限，人们只能根据它的近亲来推测它的长相。

　　赫伯斯翼龙与皮亚尼兹基龙生活在同一个地方，后者是一种凶猛的肉食恐龙，体型巨大。虽然如此，它们还是能够和平相处，甚至友好地聊天，这当然是因为它们各自执掌着属于自己的领地，互不侵犯。

Herbstosaurus
赫伯斯翼龙

体型：	翼展不到 1 米
食性：	肉食
生存年代：	侏罗纪
化石产地：	南美洲，阿根廷

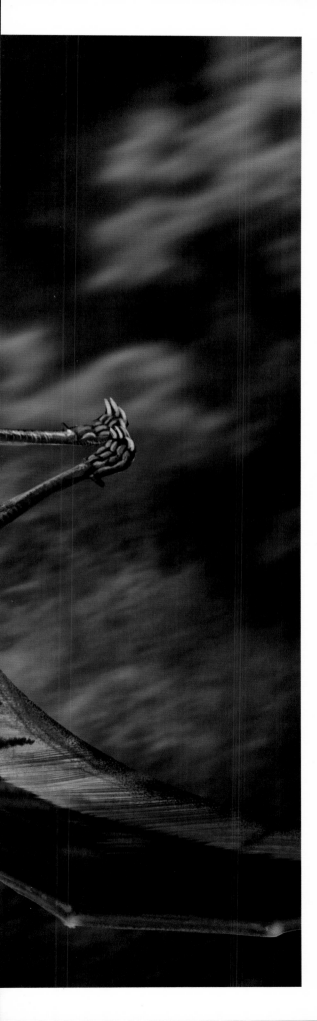

但丁翼龙 ——
翼龙中的诗人

　　但丁是意大利文艺复兴时期的著名诗人，他的代表作《神曲》被誉为中世纪文学的巅峰之作。不过，这里我们所说的不是诗人但丁，而是翼龙中的"但丁"——但丁翼龙。

　　但丁翼龙体型不大，但是脑袋却不小，头顶上长有低矮的嵴冠。它的口鼻部非常尖利，嘴中长有锋利的牙齿。

　　不知道这种体型娇小但凶猛的翼龙是不是也会作诗呢？

Daitingopterus
但丁翼龙

体型：翼展 1.08 米

食性：鱼

生存年代：侏罗纪

化石产地：欧洲，德国

1米

1米

德国翼龙 ——
它是如此平凡

　　德国翼龙的样子简直太普通了，没有什么特别突出的地方，以至于科学家都不知道它应该归在哪个家族里。所以，它曾经被归入了德国翼龙科，又被归入了准噶尔翼龙超科，还被认为是翼手龙的幼年个体或者是翼手龙的近亲。一直到 2006 年，它的归属才尘埃落定。

　　德国翼龙的体型很小，头上有一个低矮的嵴冠，喙嘴十分尖利。

1米

1米

距今年代 （百万年）	252.17 ±0.06	~247.2	~237		201.3 ±0.2		174.1 ±1.0	163.5 ±1.0
世	早三叠世	中三叠世	晚三叠世			早侏罗世	中侏罗世	
纪			三叠纪				侏罗纪	
代								
宙								

Germanodactylus
德国翼龙

体型：翼展 0.98 ～ 1.08 米

食性：鱼

生存年代：侏罗纪

化石产地：欧洲，德国

~145.0		100.5	66.0
晚侏罗世	早白垩世		晚白垩世
	白垩纪		
中生代			
显生宙			

翱翔于亚洲和非洲上空的准噶尔翼龙

准噶尔翼龙家族非常繁盛，它们的化石最早是在中国新疆准噶尔盆地被发现的，随后科学家又在遥远的非洲发现了它们的踪迹。准噶尔翼龙喜欢从沙泥滩中抓贝类和虫子，这全靠它们修长而弯曲的颌部。

Dsungaripterus
准噶尔翼龙

体型：	翼展 3 ～ 5 米
食性：	鱼
生存年代：	白垩纪
化石产地：	亚洲、非洲

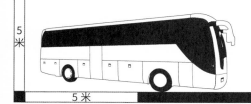

5米

5米

爱吃蜥蜴的 诺曼底翼龙

诺曼底翼龙的化石发现于海相沉积地层中，也就是说它应该生活在海边，以鱼为食。但是，科学家却发现它的牙齿很粗大，和只吃鱼的翼龙并不一样。所以，他们推测诺曼底翼龙可能会主动攻击陆地上的小型动物，比如蜥蜴。

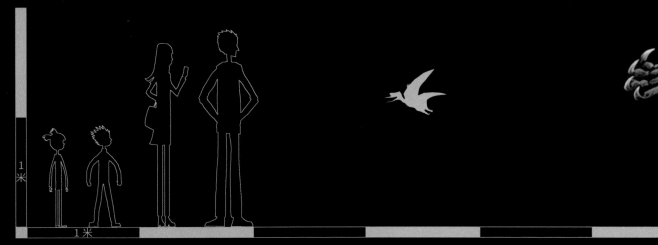

1 米

1 米

距今年代 （百万年）	252.17 ±0.06	~247.2	~237		201.3 ±0.2		174.1 ±1.0	163. ±1.
世	早三叠世	中三叠世	晚三叠世		早侏罗世		中侏罗世	
纪		三叠纪				侏罗纪		
代								
宙								

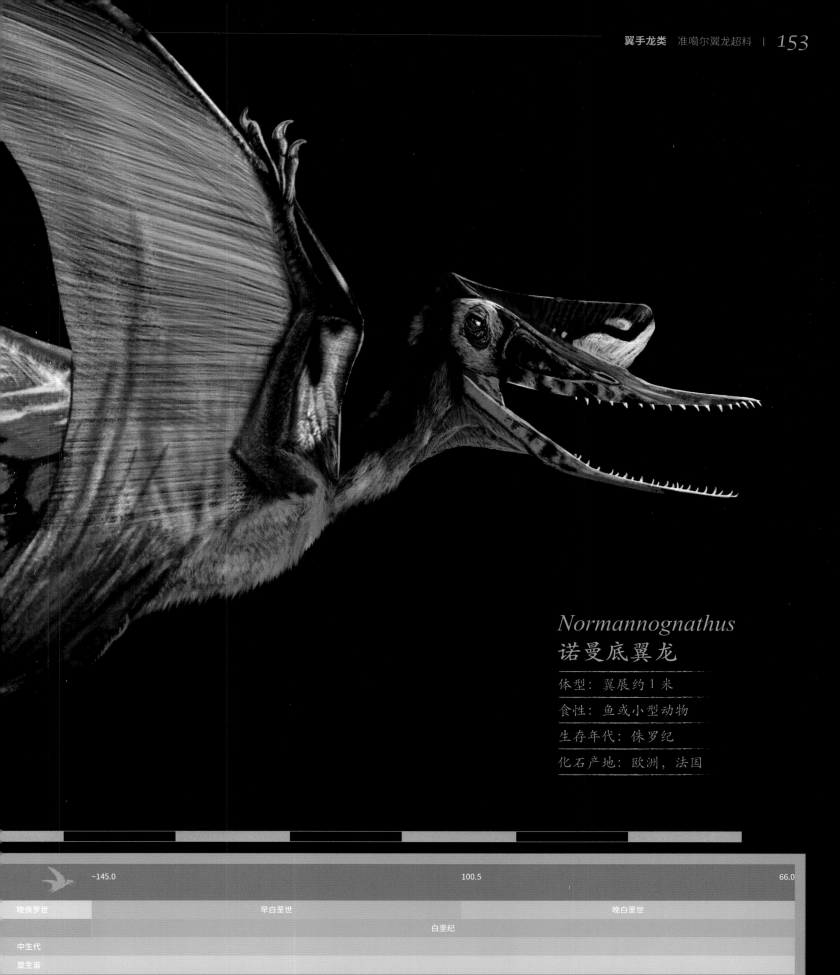

Normannognathus
诺曼底翼龙

体型：翼展约 1 米

食性：鱼或小型动物

生存年代：侏罗纪

化石产地：欧洲，法国

	~145.0		100.5		66.0
晚侏罗世		早白垩世		晚白垩世	
			白垩纪		
中生代					
显生宙					

湖翼龙 ——
舞动在湖泊上的精灵

因为湖翼龙生活在湖泊附近，所以古生物学家就为它起名为湖翼龙。

湖翼龙生存在早白垩世今天的中国新疆。它长有一个又尖又长的大脑袋，在脑袋上长有狭长的骨质嵴冠。在湖翼龙的嘴中长有两排锋利的牙齿，这些牙齿是它捕食的利器，能让它轻松地咬碎猎物坚硬的甲壳。

Noripterus
湖翼龙

体型：翼展约 2 米

食性：鱼及贝类

生存年代：白垩纪

化石产地：亚洲，中国

距今年代 （百万年）	252.17 ±0.06	~247.2	~237		201.3 ±0.2		174.1 ±1.0	
世	早三叠世	中三叠世	晚三叠世			早侏罗世		中侏罗世
纪			三叠纪				侏罗纪	
代								
宙								

~145.0

100.5

66.0

早白垩世

晚白垩世

白垩纪

中生代

显生宙

枪颌翼龙 ——
它的嘴巴也像长矛

还记得前面提到的矛颌翼龙吗？那个嘴巴长得像长矛的家伙。现在，我们又要介绍一种和长矛有关的翼龙了，它叫枪颌翼龙，嘴巴也像长矛。大部分翼龙类的上颌下缘都有很大程度的弯曲，但是枪颌翼龙的上颌下缘却是笔直的，看上去和长矛或者长枪类似。虽然它和矛颌翼龙的嘴巴样子相像，但却不是同一种翼龙。矛颌翼龙生活在早侏罗世今天的欧洲，而枪颌翼龙却生活在早白垩世今天的中国新疆。

Lonchognathosaurus
枪颌翼龙

体型：	翼展约4米
食性：	鱼
生存年代：	白垩纪
化石产地：	亚洲，中国

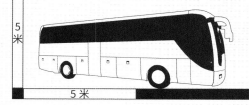

5米

5米

惊恐翼龙 ——
它得为自己起个有效的名字了

惊恐翼龙的名字是古生物学家依据希腊神话中的梦魇神伊贝特而命名的，意思是这种翼龙就像梦魇神一样会让地面上的居民感到惊恐。

虽然这个名字听上去既神秘又霸气，但却是个无效名，因为在古生物学家为惊恐翼龙定下这个名字之前，已经有一种鱼类使用了这个名字。按照国际物种命名法，惊恐翼龙需要换一个名字才行。

Phobetor
惊恐翼龙

体型：翼展约 1.58 米

食性：肉食

生存年代：白垩纪

化石产地：亚洲，中国

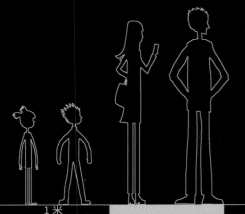

1米

1米

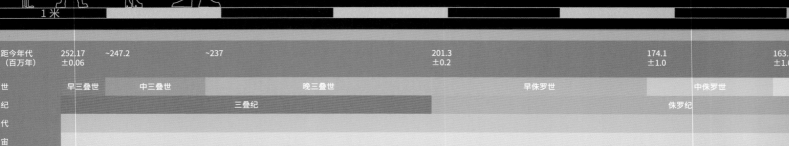

距今年代 （百万年）	252.17 ±0.06	~247.2	~237		201.3 ±0.2		174.1 ±1.0	163.5 ±1.0
世纪	早三叠世	中三叠世	晚三叠世			早侏罗世		中侏罗世
代			三叠纪				侏罗纪	
宙								

Hatzegopteryx
哈特兹哥翼龙

体型：翼展可达 12 米

食性：肉食

生存年代：白垩纪

化石产地：欧洲，罗马尼亚

5 米

5 米

距今年代 （百万年）	252.17 ±0.06	~247.2	~237		201.3 ±0.2		174.1 ±1.0	163. ±1.
世 纪	早三叠世	中三叠世	晚三叠世			早侏罗世		中侏罗世
纪			三叠纪				侏罗纪	
代								
宙								

哈特兹哥翼龙 ——
来自罗马尼亚的巨怪

　　生活在罗马尼亚的哈特兹哥翼龙，全名叫作"巨怪哈特兹哥翼龙"，这是因为它实在是太大了，科学家觉得只有用巨怪来形容它才合适。

　　哈特兹哥翼龙的脑袋大概有 3 米，站立时高 5 米，翼展能达到 12 米，它可能是目前发现的世界上最大的翼龙，比风神翼龙还要大。不过，也有研究者提出了不同意见，他们认为哈特兹哥翼龙的肱骨在保存时发生了扭曲，导致测量出现了错误，实际上它的翼展可能要比风神翼龙小一些。

~145.0		100.5		66.0
晚侏罗世	早白垩世		晚白垩世	
		白垩纪		
中生代				
显生宙				

比无齿翼龙原始的
始无齿翼龙

始无齿翼龙是比无齿翼龙更为原始的物种，它长有一个大大的、具有嵴冠的脑袋，长长的脖子和较大的双翼。因为体型的关系，它总是以小鱼、小虾或者昆虫为食，远不如同时期同样生活在辽西的其他翼龙那样厉害。

Eopteranodon
始无齿翼龙

体型：翼展约 1.1 米

食性：肉食

生存年代：白垩纪

化石产地：亚洲，中国

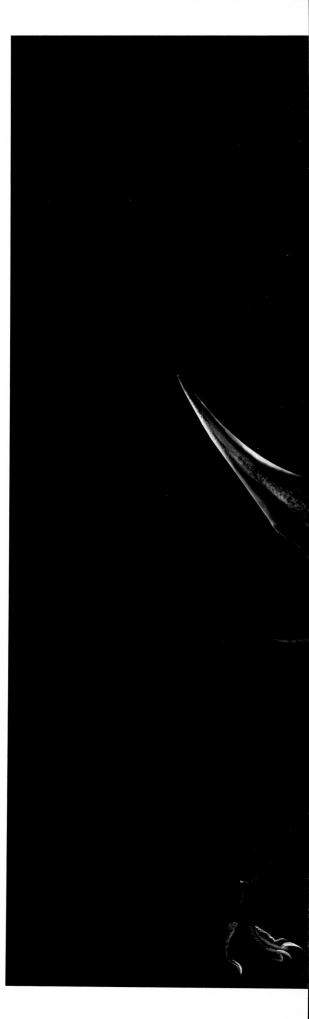

神龙翼龙 ——
冷酷的空中杀手

神龙翼龙的嘴中虽然没有牙齿，但是尖长
的上下颌却拥有强大的破坏力。它们是卓越的
飞行者和冷酷的空中杀手，可以从高处出击，
猎食水中、陆地上甚至是天空中的动物。

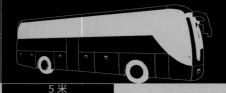

5米

5米

距今年代 （百万年）	252.17 ±0.06	~247.2	~237		201.3 ±0.2		174.1 ±1.0	163.5 ±1.0
世	早三叠世	中三叠世	晚三叠世			早侏罗世		中侏罗世
纪			三叠纪				侏罗纪	
代								
宙								

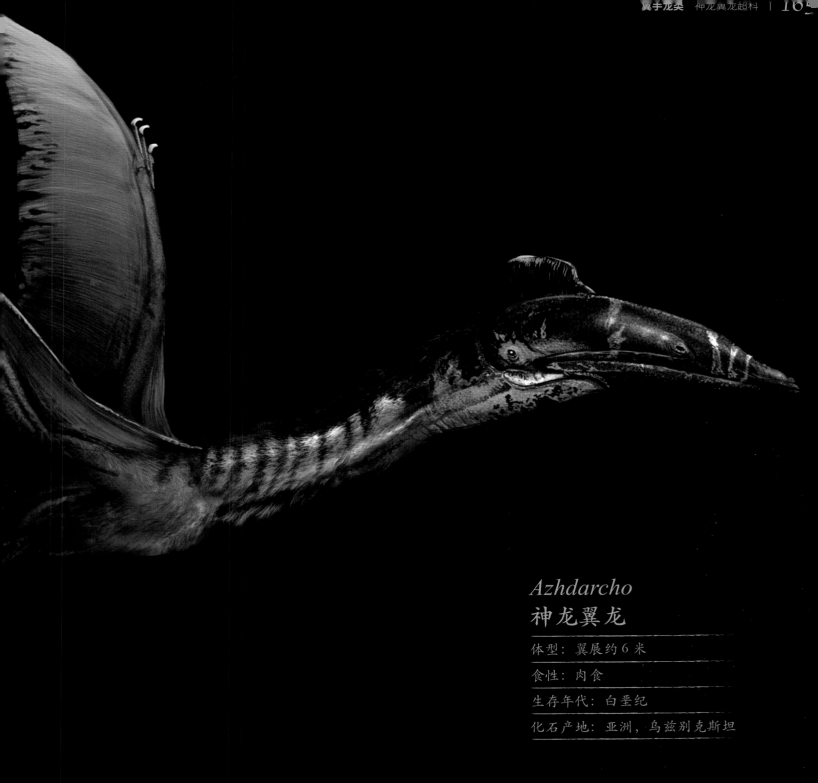

Azhdarcho
神龙翼龙

体型：翼展约 6 米

食性：肉食

生存年代：白垩纪

化石产地：亚洲，乌兹别克斯坦

小身子,大脑袋,没牙齿的

神州翼龙

生活在早白垩世今天中国东北的神州翼龙,是最小的朝阳翼龙科成员。不过,虽然身材娇小,但是它却长了一个很不相称的大脑袋。从化石上看,它的头骨大约有 25 厘米长,看上去似乎超过了整个身体。

神州翼龙有一个又尖又长的嘴巴,嘴巴里没有牙齿。它的嵴冠从眼睛上方一直延伸至头部后方,在末端向上突起。

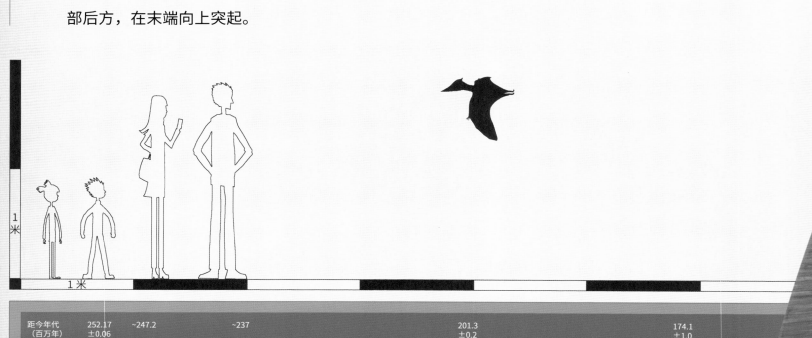

距今年代 (百万年)	252.17 ±0.06	~247.2	~237		201.3 ±0.2		174.1 ±1.0
世 纪	早三叠世	中三叠世	晚三叠世		早侏罗世		中侏罗世
纪			三叠纪				侏罗纪
代							
宙							

Shenzhoupterus
神州翼龙

体型：翼展 1.4 米

食性：鱼

生存年代：白垩纪

化石产地：亚洲，中国

100.5　　　　　　　　　　　　　　　　66.0

早白垩世　　　　　　　　　　晚白垩世

白垩纪

雷神翼龙 ——
它的头冠像船帆

雷神翼龙最特别的地方就是脑袋上巨大的嵴冠。雷神翼龙的头骨高度仅 0.15 米左右，但是嵴冠的高度却能达到 1.2 米，几乎等于头骨高度的 8 倍。这个嵴冠就像船上的帆一样，高高地耸立在雷神翼龙的头上。

雷神翼龙身体不大，但是双翼窄而长，有点像今天的信天翁。它常常飞翔在宽阔的海面上，捕食海中的鱼类。

Tupandactylus
雷神翼龙

体型：翼展可达 6 米

食性：鱼

生存年代：白垩纪

化石产地：南美洲，巴西

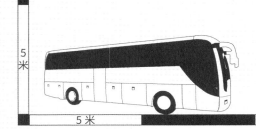

5米

5米

像妖精一样漂亮的
妖精翼龙

你还记得电视剧《西游记》中的那些妖精吗？它们是不是都很漂亮呀？现在，我带你去看看漂亮得像妖精一样的翼龙吧！

当科学家发现妖精翼龙的时候，完全被它华美的头冠吸引了，所以才起了这个贴切的名字。科学家说，成年的妖精翼龙不管是雄性还是雌性都长有美丽的头冠，并且头冠上都有好看的花纹，只是雌性头冠的后部会比较圆，看上去比雄性温柔许多。

Tupuxuara
妖精翼龙

体型：翼展约 5.5 米

食性：鱼

生存年代：白垩纪

化石产地：南美洲，巴西

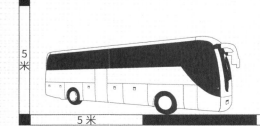

5米

5米

咸海神翼龙 ——
中亚的天空之神

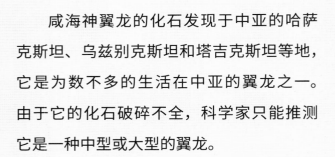

咸海神翼龙的化石发现于中亚的哈萨克斯坦、乌兹别克斯坦和塔吉克斯坦等地，它是为数不多的生活在中亚的翼龙之一。由于它的化石破碎不全，科学家只能推测它是一种中型或大型的翼龙。

Aralazhdarcho
咸海神翼龙

体型：不详

食性：不详

生存年代：侏罗纪

化石产地：亚洲，中亚地区

距今年代 （百万年）	252.17 ±0.06	~247.2	~237		201.3 ±0.2		174.1 ±1.0	163. ±1.0
世 纪	早三叠世	中三叠世		晚三叠世		早侏罗世		中侏罗世
纪			三叠纪				侏罗纪	
代								
宙								

~145.0		100.5		66.0
晚侏罗世	早白垩世		晚白垩世	
		白垩纪		
中生代				
显生宙				

风神翼龙——
最著名的翼龙成员

风神翼龙是翼龙家族最著名的成员，在很长的一段时间里都被认为是体型最大的成员。它们的翼展能达到 12 米，甚至更大；它们的脑袋和脖子将近 3 米；它们站在地上有 5 米多高，差不多和长颈鹿一样。不过，近年来一些研究人员认为哈特兹哥翼龙的体型可能会超过风神翼龙。但是不管怎样，风神翼龙毫无疑问都是天空的霸主，它们曾经创造的那些辉煌，至今都被人们传诵着。

Quetzalcoatlus
风神翼龙

体型：翼展可达 12 米

食性：肉食

生存年代：白垩纪

化石产地：北美洲，美国

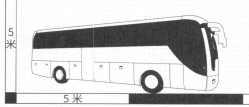

5米

5米

索 引

参考文献

1, Hone, David W. E.; Benton, Michael J. (2008). "A new genus of rhynchosaur from the Middle Triassic of south-west England". *Palaeontology*, 51 (1): 95–115.

2, Keller, Thomas (1985). "Quarrying and Fossil Collecting in the Posidonienschiefer (Upper Liassic) around Holzmaden, Germany".*Geological Curator*, 4(4): 193-198.

3, Brian Andres; James M. Clark & Xu Xing. (2010). "A new rhamphorhynchid pterosaur from the Upper Jurassic of Xinjiang, China, and the phylogenetic relationships of basal pterosaurs". *Journal of Vertebrate Paleontology*, 30(1): 163-187.

4, Gasparini, Zulma; Fernández, Marta; and de la Fuente, Marcelo.(2004)." A new pterosaur from the Jurassic of Cuba". *Palaeontology*, 47 (4): 919–927.

5, Colbert, Edwin H.(1969)." A Jurassic pterosaur from Cuba ". *American Museum Novitates*, 2370: 1–26 [2007-03-03].

6, Jensen, James A.; and Ostrom, John H. (1977). "A second Jurassic pterosaur from North America". *Journal of Paleontology*, 51 (4): 867–870.

7, Gasparini, Zulma; Fernández, Marta; and de la Fuente, Marcelo. (2004). "A new pterosaur from the Jurassic of Cuba". *Palaeontology*, 47 (4): 919–927.

8, Schmitz, L.; Motani, R. (2011). " Nocturnality in Dinosaurs Inferred from Scleral Ring and Orbit Morphology". *Science*, 332.

9, Carpenter, K., Unwin, D.M., Cloward, K., Miles, C.A., and Miles, C. (2003). " A new scaphognathine pterosaur from the Upper Jurassic Formation of Wyoming, USA". *Geological Society of London*, 217:45-54.

10, Xiaolin, Wang; Zhonghe, Zhou; Huaiyu, He; Fan, Jin; Yuanqing, Wang; Jiangyong, Zhang; Yuan, Wang; Xing, Xu; Fucheng, Zhang. (2005). " Stratigraphy and age of the Daohugou Bed in Ningcheng, Inner Mongolia". *Chinese Science Bulletin*, 50 (20): 2369–2376.

11, Lü, J.; Fucha, X.; Chen, J. (2010). "A new scaphognathine pterosaur from the Middle Jurassic of western Liaoning, China". *Acta Geoscientica Sinica*, 31 (2): 263–266.

12, Osi, A. (2010). "Feeding-related characters in basal pterosaurs: implications for jaw mechanism, dental function and diet." *Lethaia*.

13, Dalla Vecchia F.M., (1995). "A new pterosaur (Reptilia, Pterosauria) from the Norian (Late Triassic) of Friuli (Northeastern Italy), Preliminary note". *Gortania*, 16 : 59-66.

14, Jain, S. L. (1974)."Jurassic Pterosaur from India", *Journal of the Geological Society of India*, 15 (3): 330-335.

15, Wang X.; Kellner, A. W. A.; Jiang S.; and Meng X. (2009). "An unusual long-tailed pterosaur with elongated neck from western Liaoning of China". *Anais da Academia Brasileira de Ciência*, 81 (4): 793–812.

16, Fröbisch, N.B.; and Fröbisch, J. (2006). "A new basal pterosaur genus from the upper Triassic of the Northern Calcareous Alps of Switzerland". *Palaeontology*, 49 (5): 1081–1090.

17, Stecher, Rico. (2008). "A new Triassic pterosaur from Switzerland (Central Austroalpine, Grisons), *Raeticodactylus filisurensis* gen. et sp. Nov". *Swiss Journal of Geosciences*, 101: 185.

18, Dalla Vecchia, F.M. (2009). "Anatomy and systematics of the pterosaur *Carniadactylus* (gen. n.) *rosenfeldi* (Dalla Vecchia, 1995)." *Rivista Italiana de Paleontologia e Stratigrafia*, 115(2): 159-188.

19, Wild, R. (1978). "Die Flugsaurier (Reptilia, Pterosauria) aus der Oberen Trias von Cene bei Bergamo, Italien", Bolletino della Societa Paleontologica Italiana, 17 (2): 176-256.

20, Buckland, W. (1835). "On the discovery of a new species of Pterodactyle in the Lias at Lyme Regis." *Transactions of the Geological Society of London*, series 23: 217-222.

21, Clark, J. M., Hopson, J. A., Hernandez, R., Fastovsky, D. E. and Montellano, M. (1998). "Foot posture in a primitive pterosaur", *Nature*, 391: 886-889.

22, Sangster, S. (2001). "Anatomy, functional morphology and systematics of *Dimorphodon*", Strata 11: 87-88.

23, Wang, Xiaolin; Kellner, Alexander W.A.; Jiang, Shunxing, Cheng, Xin, Meng, Xi & Rodrigues, Taissa. (2010) "New long-tailed pterosaurs (Wukongopteridae) from western Liaoning, China". Anais da Academia Brasileira de Ciências, 82 (4): 1045–1062.

24, Lü, J., Unwin, D.M., Jin, X., Liu, Y. and Ji, Q. (2010). "Evidence for modular evolution in a long-tailed pterosaur with a pterodactyloid skull." *Proceedings of the Royal Society B*, 277(1680): 383-389.

25, Lü, J., Xu, L., Chang, H. and Zhang, X. (2011). "A new darwinopterid pterosaur from the Middle Jurassic of western Liaoning, northeastern China and its ecological implications." *Acta Geologica Sinica - English Edition*, 85(3): 507–514.

26, Lü, J., Unwin, D.M., Deeming, D.C., Jin, X., Liu, Y. and Ji, Q. (2011). "An egg-adult association, gender, and reproduction in pterosaurs". *Science*, 331(6015): 321-324.

27, Rjabinin A. N. (1948). "Remarks on a flying reptile from the Jurassic of the Kara-Tau.", *Akademia Nauk, Paleontological Institute, Trudy*, 15(1): 86-93.

28, Bennett, S. C. (2007). "A second specimen of the pterosaur *Anurognathus ammoni*", *Paläontologische Zeitschrift*, 81: 376-398。

29, Witton, M.P. (2008) "A new approach to determining pterosaur body mass and its implications for pterosaur flight". *Zitteliania* B28: 143-159.

30, Wang, X., Zhou, Z., Zhang, F., and Xu, X. (2002). "A nearly completely articulated rhamphorhynchoid pterosaur with exceptionally well-preserved wing membranes and 'hairs' from Inner Mongolia, northeast China." *Chinese Science Bulletin* 47(3), 226 – 232.

31, Dalla Vecchia, F.M. (2002). "Observations on the non-pterodactyloid pterosaur *Jeholopterus ningchengensis* from the Early Cretaceous of Northeastern China." *Natura Nascosta*, 24: 8 - 27.

32, Peters, D. (2003). "The Chinese vampire and other overlooked pterosaur ptreasures." *Journal of Vertebrate Paleontology*, 23(3): 87A.

33, Ji S.-A., and Ji Q. (1998). "A new fossil pterosaur (Rhamphorhynchoidea) from Liaoning". *Jiangsu Geology* 22(4):199-206.

34, Ji, S.-A., Ji, Q., and Padian, K. (1999). Biostratigraphy of new pterosaurs from China. *Nature* 398:573–574.

35, Unwin, D.M., Lü, J., and Bakhurina, N.N. (2000). "On the systematic and stratigraphic significance of pterosaurs from the Lower Cretaceous Yixian Formation (Jehol Group) of Liaoning, China". *Mitt. Mus. Naturk. Berlin Geowiss*. Reihe 3:181–206.

36, Lü Junchang and Fucha Xiaohui. (2010) "A new pterosaur (Pterosauria) from Middle Jurassic Tiaojishan Formation of western Liaoning, China". *Global Geology*, 13 (3/4): 113–118.

37, Victoria M. Arbour; Philip J. Currie. (2011) "An istiodactylid pterosaur from the Upper Cretaceous Nanaimo Group, Hornby Island, British Columbia, Canada". *Canadian Journal of Earth Sciences*, 48 (1): 63–69.

38, Witton, M.P. (2012). "New Insights into the Skull of *Istiodactylus latidens* (Ornithocheiroidea, Pterodactyloidea)." *PLoS ONE*, 7(3): e33170.

39, Xiaolin Wang, Kellner, A.W.K., Zhonghe Zhou, and de Almeida Campos, D. (2005). "Pterosaur diversity and faunal turnover in Cretaceous terrestrial ecosystems in China". *Nature* 437:875-879.

40, Junchang. Lü, and Qiang. Ji. (2006). "Preliminary results of a phylogenetic analysis of the pterosaurs from western Liaoning and surrounding area." *Journal of the Paleontological Society of Korea* 22(1):239-261.

41, Martill, D.M. and Unwin, D.M. (2011). "The world's largest toothed pterosaur, NHMUK R481, an incomplete rostrum of *Coloborhynchus capito* (Seeley 1870) from the Cambridge Greensand of England." *Cretaceous Research*, (advance online publication).

42, Rodrigues, T.; Kellner, A. (2013). "Taxonomic review of the Ornithocheirus complex (Pterosauria) from the Cretaceous of England". *ZooKeys*, 308: 1–112.

43, Andres, B.; Myers, T. S. (2013). "Lone Star Pterosaurs". *Earth and Environmental Science Transactions of the Royal Society of Edinburgh*, 103: 1.

44, Sayão, J. M. & Kellner, A. W. A. (2000). "Description of a pterosaur rostrum from the Crato Member, Santana Formation (Aptian-Albian) northeastern, Brazil." *Boletim do Museu Nacional*, 54: 1-8.

45, Veldmeijer, A.J. (2003). "Description of *Coloborhynchus spielbergi* sp. nov. (Pterodactyloidea) from the Albian (Lower Cretaceous) of Brazil". *Scripta Geologica*, 125: 35–139.

46, Veldmeijer, A. J. (2003). "Preliminary description of a skull and wing of a Brazilian lower Cretaceous (Santana Formation; Aptian-Albian) pterosaur (Pterodactyloidea) in the collection of the AMNH." *PalArch, series vertebrate palaeontology*, 1-13.

47, Witton, M.P. (2012). "New Insights into the Skull of *Istiodactylus latidens* (Ornithocheiroidea, Pterodactyloidea)." *PLoS ONE*, 7(3): e33170.

48, Andres, B. and Ji Qiang. (2006). "A new species of *Istiodactylus* (Pterosauria, Pterodactyloidea) from the Lower Cretaceous of Liaoning, China", *Journal of Vertebrate Paleontology*, 26: 70-78.

49, Witmer, L.M., Chatterjee, S., Franzosa, J. and Rowe, T. (2003). "Neuroanatomy of flying reptiles and implications for flight, posture and behaviour." *Nature*, 425(6961): 950-954.

50, Campos, D. A., and Kellner, A. W. A. (1985). "Panorama of the Flying Reptiles Study in Brazil and South America (Pterosauria/ Pterodactyloidea/ Anhangueridae)." *Anais da Academia Brasileira de Ciências*, 57(4):141–142 & 453-466.

51, Wang X. and Lü J. (2001). "Discovery of a pterodactloid pterosaur from the Yixian Formation of western Liaoning, China." *Chinese Science Bulletin*, 45(12):447-454.

52, Vullo, R. and Neraudeau, D. (2009). "Pterosaur Remains from the Cenomanian (Late Cretaceous) Paralic Deposits of Charentes, Western France." *Journal of Vertebrate Paleontology*, 29(1):277-282.

53, Fastnacht, M. (2001). "First record of Coloborhynchus (Pterosauria) from the Santana Formation (Lower Cretaceous) of the Chapada do Araripe of Brazil."

Paläontologisches Zeitschrift, 75: 23–36.

54, Hooley, R. W. (1914). "On the Ornithosaurian genus Ornithocheirus, with a Review of the Specimens from the Cambridge Greensand in the Sedgwick Museums, Cambridge". *Annals and Magazine of Natural History*, 8 (78): 529–557.

55, Lee, Y.-N. (1994). "The Early Cretaceous Pterodactyloid Pterosaur Coloborhynchus from North America". *Palaeontology*, 37 (4): 755–763.

56, Rodrigues, Taissa; Kellner, Alexander W.A. (2009). "Review of the peterodactyloid pterosaur *Coloborhynchus*". *Zitteliana*, B28: 219–228.

57, Steel, L., Martill, D.M., Unwin, D.M. and Winch, J. D. (2005). "A new pterodactyloid pterosaur from the Wessex Formation (Lower Cretaceous) of the Isle of Wight, England. "*Cretaceous Research*, 26, 686-698.

58, Padian K. (1983). "A functional analysis of flying and walking in pterosaurs". *Paleobiology*, 9(3):218-239.

59, Kellner, A.W.A. (2010). "Comments on the Pteranodontidae (Pterosauria, Pterodactyloidea) with the description of two new species." *Anais da Academia Brasileira de Ciências*, 82 (4): 1063–1084.

60, Lü, J. (2010). "A new boreopterid pterodactyloid pterosaur from the Early Cretaceous Yixian Formation of Liaoning Province, northeastern China." *Acta Geologica Sinica*, 24: 241–246.

61, Bennett, S.C. (1996). "Year-classes of pterosaurs from the Solnhofen Limestone of Germany: Taxonomic and Systematic Implications." *Journal of Vertebrate Paleontology*, 16(3): 432-444.

62, Jouve, S. (2004). "Description of the skull of a *Ctenochasma* (Pterosauria) from the latest Jurassic of eastern France, with a taxonomic revision of European Tithonian Pterodactyloidea." *Journal of Vertebrate Paleontology*, 24(3): 542-554.

63, Bennett, S.C. (2007). "A review of the pterosaur *Ctenochasma*: taxonomy and ontogeny." *Neues Jahrbuch für Geologie und Paläontologie - Abhandlungen*, 245(1): 23-31.

64, David M. Martill. (2011) "A new pterodactyloid pterosaur from the Santana Formation (Cretaceous) of Brazil." *Cretaceous Research*, 32 (2): 236–243.

65, Jiang Shunxing and Wang Xiaolin. (2011) "A new ctenochasmatid pterosaur from the Lower Cretaceous, western Liaoning, China." *Anais da Academia Brasileira de Ciencias*, 83 (4): 1243–1249.

66, Howse, S.C.B., and Milner, A.R. (1995). "The pterodactyloids from the Purbeck Limestone Formation of Dorset. " *Bulletin of the Natural History Museum, London (Geology)* , 51(1):73-88.

67, Leonardi, G. & Borgomanero, G. (1985). "*Cearadactylus atrox* nov. gen., nov. sp.: novo Pterosauria (Pterodactyloidea) da Chapada do Araripe, Ceara, Brasil." *Resumos dos communicaçoes VIII Congresso bras. de Paleontologia e Stratigrafia*, 27: 75–80.

68, Bruno C. Vila Nova, Alexander W.A. Kellner, Juliana M. Sayão, 2010, "Short Note on the Phylogenetic Position of *Cearadactylus Atrox*, and Comments Regarding Its Relationships to Other Pterosaurs", *Acta Geoscientica Sinica*, 31 Supp.1: 73-75.

69, Unwin, D. M. (2002). "On the systematic relationships of Cearadactylus atrox, an enigmatic Early Cretaceous pterosaur from the Santana Formation of Brazil." *Mitteilungen Museum für Naturkunde Berlin, Geowissenschaftlichen Reihe*, 5, 239-263.

70, Wang, X., Kellner, A.W.A., Zhou, Z., and Campos, D.A. (2007). "A new pterosaur (Ctenochasmatidae, Archaeopterodactyloidea) from the Lower Cretaceous Yixian Formation of China." *Cretaceous Research*, 28(2): 2245-260.

71, Jiang Shun-Xing & Wang Xiao-Lin. (2011). "Important features of *Gegepterus changae* (Pterosauria: Archaeopterodactyloidea, Ctenochasmatidae) from a new specimen." *Vertebrata Palasiatica* , 49(2): 172-184.

72, Andres, B.; and Ji Q. (2008) "A new pterosaur from the Liaoning Province of China, the phylogeny of the Pterodactyloidea, and convergence in their cervical vertebrae. " *Palaeontology*, 51 (2): 453–469.

73, Lü J. (2009) "A baby pterodactyloid pterosaur from the Yixian Formation of Ningcheng, Inner Mongolia, China. " *Acta Geologica Sinica*, 83 (1): 1–8.

74, Schweigert, G. (2007). "Ammonite biostratigraphy as a tool for dating Upper Jurassic lithographic limestones from South Germany – first results and open questions". *Neues Jahrbuch für Geologie und Paläontologie – Abhandlungen* , 245 (1): 117–125.

75, Bennett, S. Christopher (2013). "New information on body size and cranial display structures of *Pterodactylus antiquus*, with a revision of the genus". *Paläontologische Zeitschrift*.

Bennett, S.C. (2002). "Soft tissue preservation of the cranial crest of the pterosaur Germanodactylus from Solnhofen". *Journal of Vertebrate Paleontology*, 22 (1): 43–48.

76, Lü, J., Azuma, Y., Dong, Z., Barsbold, R., Kobayashi, Y., and Lee, Y.-N. (2009), "New material of dsungaripterid pterosaurs (Pterosauria: Pterodactyloidea) from western Mongolia and its palaeoecological implications." *Geological Magazine*, 146(5): 690-700.

77, Maisch, M.W., Matzke, A.T., and Ge Sun. (2004). "A new dsungaripteroid pterosaur from the Lower Cretaceous of the southern Junggar Basin, north-west China. "*Cretaceous Research*, 25:625-634.

78, Unwin, David M.; and Heinrich, Wolf-Dieter. (1999) "On a pterosaur jaw from the Upper Jurassic of Tendaguru (Tanzania)." *Mitteilungen aus dem Museum Für Naturkunde in Berlin Geowissenschaftliche Reihe*, 2: 121–134.

79, Wang, X., Kellner, A.W.A., Zhou, Z., and Campos, D.A. (2008). "Discovery of a rare arboreal forest-dwelling flying reptile (Pterosauria, Pterodactyloidea) from China." *Proceedings of the National Academy of Sciences*, 106(6): 1983–1987.

80, Martill, D.M., Frey, E., Diaz, G.C., and Bell, C.M. (2000). "Reinterpretation of a Chilean pterosaur and the occurrence of Dsungeripteridae in South America." *Geological Magazine* 137(1):19-25.

81, R. M. Casamiquela (1975), "*Herbstosaurus pigmaeus* (Coeluria, Compsognathidae) n. gen. n. sp. del Jurásic medio del Neuquén (Patagonia septentrional). Uno de los más pequeños dinosaurios conocidos", *Actas del Primer Congreso Argentino de Paleontologia y Bioestratigrafia, Tucumán* 2: 87-103.

82, P. M. Galton (1981), "A rhamphorhynchoid pterosaur from the Upper Jurassic of North America", *Journal of Paleontology*, 55(5): 1117-1122.

83, Zhongjian, Yang. (1964) "On a new pterosaurian from Sinkiang, China." *Vertebrata PalAsiatic*, 8: 221–255.

84, Buffetaut, E., Lepage, J.-J., and Lepage, G. (1998). "A new pterodactyloid pterosaur from the Kimmeridgian of the Cap de la Hève (Normandy, France)." *Geological Magazine*, 135(5):719–722.

85, Witton, M.P., Martill, D.M. and Loveridge, R.F. (2010). "Clipping the Wings of Giant Pterosaurs: Comments on Wingspan Estimations and Diversity." *Acta Geoscientica Sinica*, 31 Supp.1: 79-81.

86, Witton, M.P. and Habib, M.B. (2010). "On the Size and Flight Diversity of Giant Pterosaurs, the Use of Birds as Pterosaur Analogues and Comments on Pterosaur Flightlessness." *PLoS ONE*, 5(11): e13982.

87, Lü, J.C.; and B.K. Zhang. (2005) "New pterodactyloid pterosaur from the Yixian Formation of western Liaoning." *Geological Review*, 51 (4): 458–462.

88, Nessov, L. A. (1984). "Upper Cretaceous pterosaurs and birds from Central Asia." *Paleontologicheskii Zhurnal*, 1984(1), 47-57.

89, Humphries, S., Bonser, R.H.C., Witton, M.P., and Martill, D.M. (2007). "Did pterosaurs feed by skimming? Physical modelling and anatomical evaluation of an unusual feeding method." *PLoS Biology*, 5(8): e204.

90, Lü J.; D.M. Unwin, Xu L., and Zhang X. (2008) "A new azhdarchoid pterosaur from the Lower Cretaceous of China and its implications for pterosaur phylogeny and evolution. " *Naturwissenschaften*.

91, Kellner, A.W.A.; and Campos, D.A. (2007) "Short note on the ingroup relationships of the Tapejaridae (Pterosauria, Pterodactyloidea. " *Boletim do Museu Nacional*, 75: 1–14.

92, Kellner, A.W.A., and Campos, D.A. (1988). "Sobre un novo pterossauro com crista sagital da Bacia do Araripe, Cretaceo Inferior do Nordeste do Brasil. (Pterosauria, Tupuxuara, Cretaceo, Brasil)." *Anais de Academia Brasileira de Ciências*, 60: 459–469.

93, Kellner, A. W. A. & Campos, D. A. (1994) "A new species of *Tupuxuara* (Pterosauria, Tapejaridae) from the Early Cretaceous of Brazil", *An. Acad. brasil. Ciênc.* 66: 467–473.

94, Witton, M.P. (2009). "A new species of *Tupuxuara* (Thalassodromidae, Azhdarchoidea) from the Lower Cretaceous Santana Formation of Brazil, with a note on the nomenclature of Thalassodromidae", *Cretaceous Research*, 30'(5): 1293-1300.

95, Averianov, A.O. (2007) "New records of azhdarchids (Pterosauria, Azhdarchidae) from the late Cretaceous of Russia, Kazakhstan, and Central Asia." *Paleontological Journal*, 41 (2): 189–197.

96, Witton, M.P., and Naish, D. (2008). "A Reappraisal of Azhdarchid Pterosaur Functional Morphology and Paleoecology." *PLoS ONE*, 3(5): e2271.

97, Lawson, D. A. (1975). "Pterosaur from the Latest Cretaceous of West Texas. Discovery of the Largest Flying Creature." *Science*, 187: 947-948.

98, Kellner, A.W.A., and Langston, W. (1996). "Cranial remains of *Quetzalcoatlus* (Pterosauria, Azhdarchidae) from Late Cretaceous sediments of Big Bend National Park, Texas." *Journal of Vertebrate Paleontology*, 16: 222–231.

99, Henderson, M.D. and Peterson, J.E. (2006) "An azhdarchid pterosaur cervical vertebra from the Hell Creek Formation (Maastrichtian) of southeastern Montana." *Journal of Vertebrate Paleontology*, 26(1): 192–195.

100, Currie, Philip J.; Jacobsen, Aase Roland. (1995) "An azhdarchid pterosaur eaten by a velociraptorine theropod." *Canadian Journal of Earth Science*, 32: 922–925.

作者信息　About the author

与绘画作者交流　Contact the artist

E-Mail: zc@pnso.org

赵 闯

科学艺术家
啄木鸟科学艺术小组创始人之一

ZHAO Chuang

Science Artist
ZHAO is one of the founders of PNSO

如果你对本书中的绘画作品感兴趣
可以微信扫描二维码
与赵闯成为朋友

If you are interested in the paintings in the book
scan the code to get in touch with ZHAO Chuang.

　　2010 年，赵闯和科学童话作家杨杨共同发起"重述地球"科学艺术研究与创作项目，计划以 20 年的时间完成第一阶段任务。目前，该项目中以赵闯担任主创的视觉作品多次发表在《自然》《科学》《细胞》等全球顶尖科学期刊上，并且与美国自然历史博物馆、芝加哥大学、中国科学院、北京大学、中国地质科学院等研究机构的数十位科学家长期合作，为他们正在进行的研究项目提供科学艺术支持。

　　2015 年，赵闯与科学童话作家杨杨以"重述地球"项目作品为核心内容，创办青少年科学艺术期刊《PNSO 恐龙大王》和《我有一只霸王龙》。

　　In 2010, together with Science Fairy Tale Writer YANG Yang, ZHAO has initiated the science art research project *Restatement of the Earth*. The 1st phase of the project seeks to be accomplished in 20 years. Working as the lead artist, ZHAO Chuang's artworks have been published in the lead science magazines such as *Nature, Science* and *Cell*.

　　ZHAO Chuang is now collaborating with dozens of leading scientists from research institutions such as the American Museum of Natural History, Chicago University, China Academy of Science, Peking University and China Academy of Geological Science; working on their paleontology research projects and providing artistic support in their fossil restoration works.

　　In 2015, base on the core content of the project Restatement of the Earth, ZHAO Chuang and YANG Yang have started the 2 science art magazines for young children and adolescents: *Dinosaur Stars* and *I Have a T-Rex*.

与文字作者交流　Contact the author

E-Mail: yy@pnso.org

杨 杨

科学童话作家
啄木鸟科学艺术小组创始人之一

YANG Yang

Science Fairy Tale Writer
YANG is one of the founders of PNSO

如果你对本书中的文字作品感兴趣
可以微信扫描二维码
与杨杨成为朋友

If you are interested in the articles in the book
scan the code to get in touch with YANG Yang.

　　2010 年，杨杨和科学艺术家赵闯共同发起"重述地球"科学艺术研究与创作项目，计划以 20 年的时间完成第一阶段任务。目前，该项目中以杨杨担任主创的文字作品已经结集出版数十部图书，其中超过 35 种作品荣获了国家级和省部级奖项，获得了"国家动漫精品工程""三个一百原创图书出版工程""向青少年推荐的百种优秀图书"等荣誉，也取得了"国家出版基金"等政策支持。

　　2015 年，杨杨和科学艺术家赵闯以"重述地球"项目作品为核心内容，创办青少年科学艺术期刊《PNSO 恐龙大王》和《我有一只霸王龙》。

　　In 2010, together with Science Artist ZHAO Chuang, YANG Yang has initiated the science art research project *Restatement of the Earth*. The 1st phase of the project seeks to be accomplished in 20 years. Working as the lead editor and author, YANG Yang has completed dozens of books, supported and funded by the National Publication Foundation, 35 of which have been awarded the national and provincial prizes. The awards include *the National Animation Epic Project Award, the 3x100 Award of Original Publications, the 100 Outstanding Books Recommendation for National Adolescents.*

　　In 2015, base on the core content of the project Restatement of the Earth, YANG Yang and ZHAO Chuang have started the 2 science art magazines for young children and adolescents: *Dinosaur Stars* and *I Have a T-Rex.*

相关信息 Publication information

本书内容来源 Source of the contents

Restatement of the Earth
重述地球

A Science Art Creative Programme by PNSO
来自啄木鸟科学艺术小组的创作

Project Darwin
nature science art project

注：近年来，人类在古生物学领域的研究日新月异，几乎每年都有多项重大成果发表，科学家不断地通过新的证据推翻过去的观点。考虑科普图书的严肃性，本书所涉及的知识均为大多数科学家认可的主流观点。我们计划每两年对本书做一次修订，将本领域全球顶尖科学家最新的研究成果进行吸纳。

Acknowledgement:

The development and research results in the paleontological academic realm are rapidly updating in recent years, scientists are reviewing their past results base on newly found evidences. The contents in this popular science book are based on the main stream science publication, which were proved and acknowledged by majority of scientists. To ensure the quality and seriousness of the contents, we plan to constantly refer to the latest research results from global scientists in relative realms, and revise the contents biennially.

版权信息 Copyright

图书在版编目（CIP）数据

PNSO 儿童百科全书．翼龙的秘密 / 赵闯，杨杨编著．— 北京：中国大百科全书出版社，2016.3
ISBN 978-7-5000-9823-2

Ⅰ．① P… Ⅱ．①赵… ②杨… Ⅲ．①恐龙—儿童读物 Ⅳ．① Q915.864-49

中国版本图书馆 CIP 数据核字（2016）第 041593 号

PNSO ERTONG BAIKE QUANSHU: YILONG DE MIMI (DI-ER BAN)
PNSO 儿童百科全书：翼龙的秘密（第 2 版）

文字作者：杨 杨
绘画作者：赵 闯
选题策划：李 文
营销编辑：刘 嘉
责任编辑：马 跃
编　　辑：梁嬿曦

出　　版：中国大百科全书出版社
　　　　　（北京阜成门北大街 17 号 邮编 100037）
发　　行：中国大百科全书出版社
　　　　　上海嘉麟杰益鸟文化传媒有限公司
印　　刷：天津市豪迈印务有限公司

版　　次：2016 年 3 月第 1 版
印　　次：2016 年 3 月第 2 次印刷
印　　数：10,001～20,000 册
开　　本：965mm×635mm 1/12
印　　张：20
字　　数：50 千字
书　　号：ISBN 978-7-5000-9823-2
定　　价：128.00 元

编辑制作：上海嘉麟杰益鸟文化传媒有限公司
北京地址：北京市朝阳区望京广泽路 2 号慧谷根园北平西街 25 号
上海地址：上海市徐汇区漕溪北路 595 号上海电影广场 B 栋 16 楼
总 编 辑：赵雅婷／出版总监：雷蕾
艺术总监：孙幸琳／视觉总监：沈康
美术编辑：叶秋英 刘小竹／书法提供：刘其龙
发行总监：王炳护／联系邮箱：wangbinghu@yiniao.org
产品编码：PNSO16064012

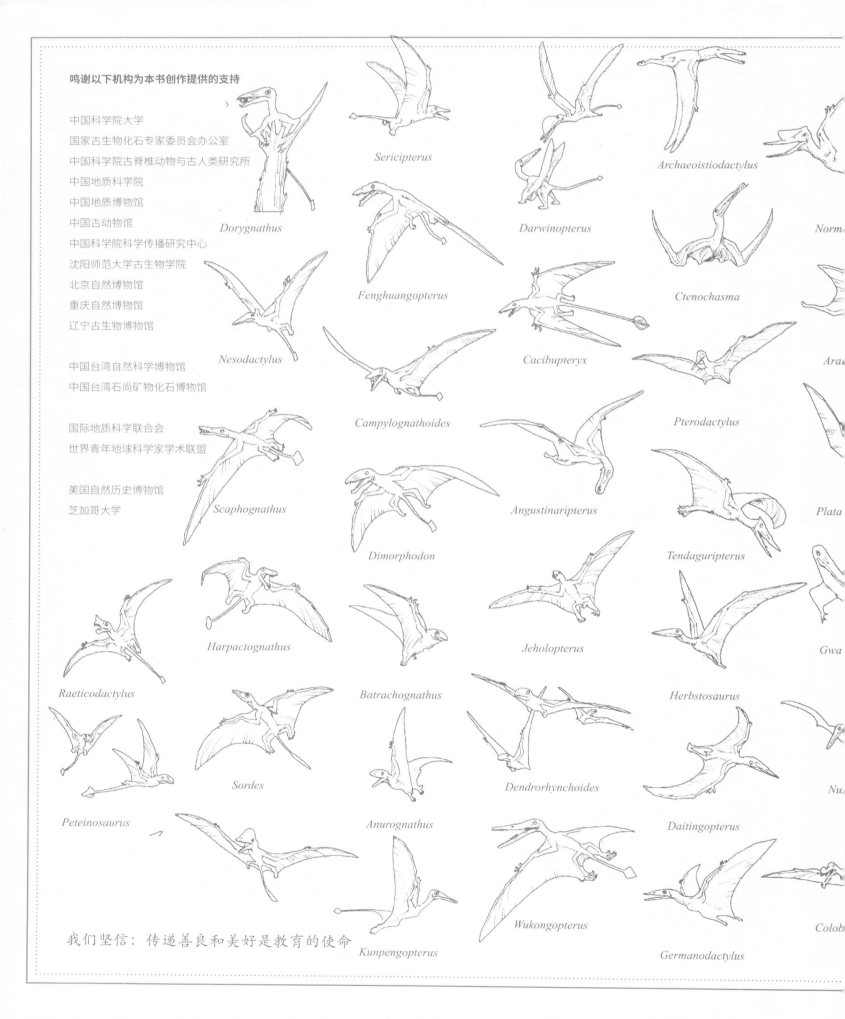

鸣谢以下机构为本书创作提供的支持

中国科学院大学
国家古生物化石专家委员会办公室
中国科学院古脊椎动物与古人类研究所
中国地质科学院
中国地质博物馆
中国古动物馆
中国科学院科学传播研究中心
沈阳师范大学古生物学院
北京自然博物馆
重庆自然博物馆
辽宁古生物博物馆

中国台湾自然科学博物馆
中国台湾石尚矿物化石博物馆

国际地质科学联合会
世界青年地球科学家学术联盟

美国自然历史博物馆
芝加哥大学

Sericipterus

Archaeoistiodactylus

Dorygnathus

Darwinopterus

Norm...

Fenghuangopterus

Ctenochasma

Nesodactylus

Cacibupteryx

Ara...

Campylognathoides

Pterodactylus

Scaphognathus

Angustinaripterus

Plata...

Dimorphodon

Tendaguripterus

Harpactognathus

Jeholopterus

Gwa...

Raeticodactylus

Batrachognathus

Herbstosaurus

Sordes

Dendrorhynchoides

Nu...

Peteinosaurus

Anurognathus

Daitingopterus

Wukongopterus

Colob...

Kunpengopterus

Germanodactylus

我们坚信：传递善良和美好是教育的使命